国防軍潔白神話の生成

ドイツの謝罪は誠実だったか

守屋純

はじめに

第二次世界大戦の戦争責任追及と戦後処理をめぐる問題は、今日でも日独両国で論議を呼んでいる。その場合、日本の戦後処理のあり方を批判する内外の論者が必ず持ち出す例が、〝戦後のドイツは（ここでは西ドイツのこと）は徹底して非ナチス化を実行した、それに引き換え日本は……〟というものである。

だがこの説はきわめて一面的と言うべきであって、西ドイツで実施されたのはあくまでも「非ナチス化」なのである。そして国防軍については「御構いなし」とされた。

本書で問題にしたのは、ドイツの敗戦とほとんど同時に、まだ連合軍側の捕虜の身であった旧ドイツ軍人達によって、どのようにして国防軍潔白論が作り上げられていったかの過程である。

さらに、国防軍潔白論生成には戦勝国たる米英の軍部のかかわり、否、指導が決定的な意味を持っている点について、できるだけ終戦直後の状況をふまえて論じたつもりである。

不十分な点は多々あると思うが、歴史もしくは歴史像がどれほど人為的に作られていくかについて考える時の参考になれば幸いである。

目次

第1章　どこで「国防軍潔白論」は生まれたか

——米軍の戦史編纂事業と国際情勢——

問題…人為的に作成された歴史認識

東西両ドイツの統一とソヴィエト連邦解体という冷戦体制の終焉にともなって解明されるべき現代史の課題の一つに、「潔白なドイツ国防軍」(saubere Wehrmacht) 論がある。この論説はほぼ以下のようにまとめられよう。

第一に、ドイツ国防軍は第二次世界大戦での戦闘と占領の際に国際法違反の不法行為などしてはいない、いわんやヒトラーとナチスによるホロコーストなどの犯罪に手を染めておらず、「全く普通の戦争」をしただけだ、とする政治的・道義的主張である。

第二は、第二次世界大戦、特に対ソ戦でのドイツ側の作戦的失敗の原因は、素人的直観に頼ったヒトラーの作戦指導への過剰干渉と、ヒトラーに盲従したゲーリングやカイテル (Wilhelm B. J. G. Keitel) 等の一部のナチス的軍人にあり、国防軍、ことに参謀本部には敗戦の責任はない。言い換えれば、もしヒトラーの余計な干渉がなければドイツは対ソ戦に勝てた、とする軍事的主張である。(注1)

このような国防軍潔白論は一九六〇年代から東西両ドイツの現代史研究者の間では問題視され、(注2)学界のレベルでは一九八〇年代に一応の否定的な結論に達していた。(注3)だがドイツ、それも主として旧西ドイツの一般世論における国防軍潔白論の影響力は根強く、そのことは一九九五年に社民党系の「ハンブルク社会研究所」(Hamburger Institutfür Sozialforschung) が全ドイツ八〇カ所で順次開催した『殲滅戦——国防軍の犯罪展——』(Vernichtungskrieg-Verbrechen der Wehrmacht 1941 bis 1944) に対する、当時のヘルムート・コール (Helmut J. M. Kohl) 首相を筆頭としたドイツ人のヒステリックな反発の現象を見ても明らかである。(注4)しかしこの国防軍潔白論は決して自然発生的に醸成されたものではなく、ドイツの敗戦と国防軍の解体・戦犯訴追・冷戦の進行・東西両ドイツの分立・西ドイツの再軍備、という戦後一〇年間にわたる状況の中で、きわめて人為的に作成され定着したものであって、その作成者や時期までもほぼ特定できるのである。

　そこで本項では、アメリカ占領軍による戦史編纂事業「作戦史企画」(Operational History Project――以下、OHP)と、それに協力した旧ドイツ軍人による報告と叙述作業の実態、さらにこの神話の定着にあたって中心的な役割を果たしたと思われる元ドイツ軍人達の行動を追うことにより、国防軍潔白論の成立とその戦後政治状況との関係に着目しつつ、西ドイツでの第二次世界大戦と国防軍に関する歴史認識と戦争責任論の原点を明らかにしたい。

　なお、本項で取り上げた元ドイツ軍人の略歴は、すべて旧国防軍での階級と最終軍歴であり、特にことわりがない場合はすべて旧陸軍である。

一　米占領軍が必要とした独ソ戦の情報

(1)米占領軍「作戦史ドイツ班」成立をめぐる事情

　一九四五年五月九日、フレンスブルクにあったデーニッツのドイツ政府による停戦命令で、ドイツ国防軍と武装SSの全部隊はそれぞれ現に対峙している連合国軍に降伏することになり、総数約七〇〇万人のうち約一五〇万人がソ連軍に、残りの約五五〇万人は西側連合軍に降伏して捕虜収容所に拘留された。このような敵国全軍の降伏と敵国領土の完全占領という史上稀な状況から、アメリカ陸軍参謀本部内の「戦史部」(Historical Division――一九四七年からはOffice of Military History――一九五〇年からはCenter of Military History)では、第二次世界大戦におけるアメリカ軍公刊戦史編纂についての理想的環境と判断され、アメリカ軍占領下のドイツの捕虜収容所での尋問と、ドイツ軍の降伏時に押収した機密文書の分析のために、捕虜となったドイツ軍高級将校を利用しようとの計画が浮上した。[注5] これはたとえば、ほぼ同時期のアメリカ軍による「戦略爆撃調査」(U.

S. Strategic Bombing Survey）などと同様の企画の一つである。

だが一九四五年の時点では、捕虜となった元ドイツ軍人に対するアメリカ軍側の措置として最優先されたのは、ニュルンベルク裁判での戦犯訴追のための尋問と、証拠として押収したドイツ側公文書の解析に捕虜を使用することであった。裁判のための証拠調べや証人の尋問と、戦史編纂のための作業とではおのずと目的も方法も異なる。(注6)そのためアメリカ軍側では、本格的な作業の体制が整うまでに多少の混乱が生じ、それで、戦史編纂のための作業開始は一九四六年にずれこむことになった。その理由として、この段階ではアメリカ軍内部で旧ドイツ軍人の取り扱いをめぐり、戦犯訴追を優先すべきか、それとも戦後のアメリカ軍戦略上の必要性のために利用すべきか、について明確な路線が決定していなかったことによる。(注7)

しかしともかく一九四五年十二月、フランクフルト・アム・マイン近郊のオーベルウルセル捕虜収容所をこの目的のための施設とすることになり、一九四六年一月一日付けで、アメリカ占領軍内に参謀本部「戦史部」の出先機関として「作戦史ドイツ班」(Operational History (German) Section——以下、ＯＨＳ）が発足した。ただし実際に作業が開始された時は、本部はアレンドルフ捕虜収容所に移動している。

アメリカ軍側の当初の目的は、当時のＯＨＳの責任者の言うように、「あくまでアメリカ軍と直接対峙した（ドイツ軍の）指揮官と参謀への尋問を通じて、歴史的に価値ある資料を得るためと、第二次世界大戦アメリカ軍公刊戦史編纂準備のため、ヨーロッパ戦域でのドイツ軍の作戦に関する情報の収集を目的とする」ものであった。(注8)

そして西欧六カ国におよぶ各地の捕虜収容所から、一九四四年六月六日のノルマンディー上陸作戦から一九四五年五月十一日のボヘミアでのドイツ軍の降伏にいたる、アメリカ軍が本格的にヨーロッパ大陸で作戦した時期と戦域で対戦したドイツ軍の元高級将校をアレンドルフに集めることになり、一九四六年七月一日から作業が開始された。集められたドイツ軍捕虜の総数はこの時点で三二八人におよび、その中にはクルト・ツァイツラー（Kurt Zeitzler）とハインツ・グデーリアン（Heinz W. Guderian）という二人の元陸軍参謀総長も含まれていて、集中的に、旧ドイツ軍高級将校（主に軍司令官クラスと参謀将校）への尋問と、それに基づいたアメリカ軍戦史作成の作業を行うことになった。(注9)

だが当然のことながらアメリカ軍側では、公刊戦史作成のための証言だけでなく、次の諸点についての情報も求められた。すなわち、①ドイツ軍の軍事諜報の実態、②戦犯裁判の資料、③ドイツ軍の軍事技術、特にジェット戦闘機とミサイ

ルについての情報である。[注10]

ところが作業の着手とほとんど時を同じくして、アメリカ本国の参謀本部と欧州駐屯軍の両方の「情報部」（G２）から、これら元ドイツ軍人達の対ソ戦での経験と知識が「計り知れない価値のある情報源」であるとの指摘がなされ、単にアメリカ軍との戦闘にのみ限定せず、一九四一～四五年の独ソ戦についての証言と報告を強く求めてきた。

このG２からの要求とは、

①ソ連軍の戦闘法、②ソ連側の攻勢に対するドイツ軍側の防禦法、③孤立した部隊の作戦、④ヨーロッパ＝ロシアでの戦闘に対する気候的・地形的条件の影響、

であって、ここではすでに戦史編纂という本来の目的から離れて、想定される将来の対ソ戦のための情報収集の第一歩がふみだされつつあった、と見ることができる。[注11]

そのため、OHSの作業の中心であるアレンドルフ収容所とは別に、南ドイツのガルミッシュにも同様の施設をつくり、ここで主に対ソ戦についての証言の収集にあたることになった。そして証言の採取も、当初想定していたような単純な尋問形式ではなく、集められたドイツ軍捕虜に対して、①各自の国防軍での職責について、②従軍した作戦での自分の行動について、手書きもしくはタイプライターでの叙述という形で各自に報告させることになる。こうして鉄条網にかこまれた捕虜収容所という環境の中で、捕虜になったドイツ国防軍の元高級将校達によるアメリカ軍のための第二次世界大戦史報告作業（OHP）が進展していったのである。[注12]

(2) ドイツ軍捕虜の対応と協力

これに対して、アメリカ軍によるOHP作業のために集められた元ドイツ軍人達の対応はどのようなものであったかについては、今日となっては判断がむずかしい。それは、彼らが降伏の時点から連合軍の捕虜として「政治的にも軍事的にも道義的にも打ちひしがれた国民の代表」にすぎなかったからであり、この時の捕虜体験、そして捕虜の身分から解放されたのちの失業と住宅難による厳しい窮乏生活は、旧ドイツ軍関係者にひとしく屈辱的かつ不当な記憶として残った。そのため、回顧録でも当時の耐乏生活の様子については、どの関係者も不十分な証言しかしていない。[注13]

それらの乏しい証言の中から、ドイツ軍捕虜のアメリカ軍への協力の動機として最も妥当と思われるものを整理してみると、

①ただ単に「タバコとコーヒーのために」という全くの生き残りのため。

②アメリカ軍に協力すれば戦犯訴追から免れられるのではないか、とのほのかな期待。
③戦史報告作業を通じて、アメリカ軍の占領政策の対象物にすぎない現状から解放されて、対等とまでいかなくとも、ある程度アメリカ軍側のパートナーになり得るのでは、との期待。

などが挙げられる。(注14)

　事実、一九四六年二月二十六日のアメリカ軍側の尋問記録で、元参謀総長ハルダー（Franz R. Halder）は「参謀本部が関係した件のすべて、特に作戦の立案の点については極めて神経質」であり、ヒトラーと国防軍最高司令部(Oberkommando der Wehrmacht——以下、ＯＫＷ）によっていかに参謀本部が無力化されたかを強調したという。そして結局ハルダーは、「陸軍統帥部は〔その活動範囲を〕純軍事技術上の業務および前線にだけ限定されたと主張し、ヒトラーの陸軍不信を強調することで、陸軍をすべての政治問題や占領政策の件から切り離そうとした」という。(注15)

1948年、ニュルンベルク継続裁判に出廷したヴァルター・ヴァルリモント（生没1894~1976年）。約40000人にものぼるソ連軍捕虜の赤軍政治将校の即時処刑を命じた「コミッサール命令」に署名していたとされる。

　このようなハルダーの態度からは、戦犯として訴追されることへの恐怖心がうかがえるわけであり、そのためにもドイツ軍捕虜達はアメリカ軍に協力せざるを得なかったと言えよう。だが同時に捕虜の側では、アメリカ軍への協力によって自国民から「対敵協力者」（Kollaboration）と見なされることへの恐れ、さらに一九四六年九月三十一日から十月一日にかけてのニュルンベルク裁判での、元ＯＫＷ国防統帥局長アルフレート・ヨードル（Alfred J. F. Jodl）に対する死刑判決への反発と憤激もあったと言われる。そして、大戦末期にエルヴィン・ロンメル（Elvin J. E. Rommel）の参謀長で、戦後連合軍の捕虜となっていたハンス・シュパイデル（Hans Speidel　中将・B軍集団参謀長）は、この施設にドイツ軍捕虜を説得して連れてくるのが自分の第一の役目であったと述懐している。(注16)

そこでアメリカ軍側は、ドイツ捕虜をなだめ作業を円滑化するため、ドイツ軍捕虜、ことに元参謀将校達の間で当時なお高い尊敬を受けていたフランツ・ハルダーを一九四七年二月から捕虜の身分から解放し、ＯＨＳ作業でのドイツ側の統括責任者として起用することになった。(注17)　ハルダーは、ズデーテン危機の最中の一九三八年八月、前任者のルードヴィッヒ・ベック（Ludwig A. T. Beck）の辞任により陸軍参謀総長に就任し、その後、一九三九年九月の対ポーランド戦、一九四〇年の対西方戦、一九四一年の対バルカン戦と対ソ戦の作戦指導にあたり、一九四二年九月、スターリングラード戦をめぐってヒトラーから解任されて退役する。だがその後もゲシュタポの監視下にあったと言われ、一九四四年七月二十日のヒトラー暗殺未遂事件の発生によって抵抗派との結びつきが疑われて逮捕・拘留され、各地の強制収容所をたらい回しされたのち、一九四五年四月、シャハト（H. G. H. Schacht）やシュシュニッグ（K. Schuschnigg）、ニーメラー（M. Niemoeller）などの「国事犯」達とともにアメリカ軍によって解放される。(注18)　しかし、戦後も身柄はアメリカ軍の管理下にあった。

しかし、それでドイツ軍捕虜達がすんなりアメリカ軍に協力するというわけではなかったようである。たとえばある元将軍はハルダーに向かってこう言ったという。

もし一八七〇年にモルトケ元帥がフランス側の捕虜になったとして、彼が金をもらって敵国のために叙述するなんて信じられますか？(注19)

これに対してハルダーは、

ボルシェヴィズムとの戦いの継続という歴史的使命を遂行する上で今もっとも可能なことは、この企画に参加することである。……過ぐる大戦でのドイツ陸軍の指揮統帥を正当に評価することこそ、今日のドイツでの国防思想の強化にとって格別に有効な方法と考える

として、積極的にアメリカ軍側の企画に協力するよう説得した。(注20)

このハルダーの言葉には、すでにその後に旧ドイツ軍人達が取ることになる行動の目標が示されている。それは、後述するコンラート・アデナウアーの言明に端的に見られるように、つい最近までソ連軍と戦った経験のある唯一の軍事専門家として、アメリカ軍側に自分達を「売り込もう」とする態度であり、それによってあわよくば単なる捕虜の立場から、「対等とまでいかなくとも、ある程度のパートナーとなれるきっかけになる」と考えていたとも言える。(注21)このことをもっとよく示しているのは、次のようなシュパイデルの告白であろう。

捕虜になった将軍と参謀将校の大部分は、かつての敵軍側にとって利用可能な、あらゆる作戦上・組織上の実戦経験をすすんで説明する用意があった。その際、次のような考えも一つの役割を演じた。すなわち、こういう義務的なやり方によって、第二次世界大戦の真実に関する信憑性のある歴史叙述に貢献できる、との。これまで往々にして歪められて表現されてきた事柄に正しい光をあてることができる好機であった。だが、かつての敵軍にドイツ参謀本部の経験を授ける

大西洋防壁建設を視察するエルヴィン・ロンメル（右）と、その参謀ハンス・シュパイデル（左。生没1897～1984年）。戦後はNATO軍中央連合部隊司令官にまで出世した（Photo：Bundesarchiv）。

という決心をするうえで決定的だったのは、西側諸国とは精神的にも政治的にも評価を同じくしていることが次第に判明してきたからであり、それゆえ我々の指導的かつ保護者的強国であるアメリカとの協力に賛成するようになったのである。(注22)

(3) OHPでの元ドイツ軍人達の活動

ハルダーの高度な専門性と深い歴史の素養に感心したアメリカ軍側は(注23)、前述のG2からの指摘もあって、ようやく一九四七年になってOHPが当初考えていたよりはるかに大きな価値があることに気付くようになり、五月から新たに「ステイプル作戦」(Operation Staple) と改称して企画の継続を決定し、すでに復員している元ドイツ軍人にも、従軍した作戦についての報告を書かせることになった。そして、ドイツ人側が恐れていた、アメリカ軍への協力が一般からの憤激を呼ぶのではないかというのは杞憂に終わり、この企画では常時五〇人以上、戦域別の案件ではそれぞれ毎回一〇〇人以上のドイツ人協力者を確保することができた。(注24)

ここで全体統括を委任されたハルダーはアメリカ軍側に対し、作業効率化のために必要であるとしてドイツ軍捕虜による作業の組織表を作成して承認された。これに応じてアメリカ軍側も、これまでアレンドルフとガルミッシュの二カ所に分かれていた作業施設を新たにアレンドルフ=ノイシュタットに統合して、もはやこれまでのような単純な捕虜収容所ではなく、集会室や食堂・洗濯場なども完備した施設とし、自由時間も認められ、周囲三〇㎞以内の外出も許可されるようになった。この作業でのドイツ側の組織表は次のようである。

全体統括――フランツ・ハルダー
統括代理兼作業委員長――アドルフ・ホイジンガー (Adolf Heusinger 中将・参謀本部作戦課長)
報告委員長――ヴァルデマール・エルフルト (Waldemal Erfurth 大将・OKW戦史局長)
空軍班長――ヴェルナー・クライペ (Werner Kleipe 空軍大将・空軍参謀総長)
人事班長――クルト・ブレンネッケ (Kurt Brennecke 大将・第四八軍団長)
収容所渉外担当――アルフレート・トッペ (Alfred Toppe 少将・兵站総啓
技術班長――フリッツ・ビュックス (Fritz Bucks 中将・ドルトムント管区付き)

さらに実際の作業のため、戦域と組織別に次のようなグループ分けがなされた。

・西方戦域関係班分け——ノルマンディー・北フランス・南フランス・ラインラント・アルデンヌ・中欧
・旧総司令部関係班分け——OKW・OKH・西方総軍
・東方戦域関係班分け——中部・南部・全体
・南方戦域関係班分け——アフリカ・シチリア・イタリア

これ以外に特別にポーランド、フランス、バルカンの各戦域担当班が随時編成され、第二次世界大戦でドイツ陸軍と空軍が作戦したすべての戦域と最高統帥部について、実際に従軍もしくは勤務した関係者、ことに元参謀将校達に記述の形で報告させるという仕組みが出来上がった。(注25)

ここでハルダーとともに注目すべきなのは、統括代理兼作業委員長のアドルフ・ホイジンガーである。ホイジンガーは第二次世界大戦中の一九四〇年八月から、総長ハルダーと作戦部長フリードリッヒ・パウルス（Friedrich W. E. Paulus）のもとで参謀本部作戦課長となり、対ソ〝バルバロッサ〟作戦の実質的な作成にあたり、ハルダーの退任とパウルスの第六軍司令官への転出後も、後任の総長クルト・ツァイツラーのもとで作戦課長をつとめた。そして一九四四

会議を行うヒトラー（左から３人目）とアドルフ・ホイジンガー（左端。生没1897〜1982年）。独ソ戦のバルバロッサ作戦やブラウ作戦の立案にも携わるなど参謀本部の中核にいたが、戦後は戦史研究企画（OHP）で中心的な役割を果たした（Photo：Bundesarchiv）。

年七月二十日のヒトラー暗殺未遂事件発生の時にはヒトラーに戦況を説明中、時限爆弾の破裂で負傷する。その後ホイジンガー自身も反ヒトラー派とのつながりを疑われてゲシュタポの尋問を受けたが、一応釈放され、その後は予備隊付きとなって終戦を迎えた。（注26）

このように、旧参謀本部での上下関係をそのまま引き継いだ形で作業が進められたのであり、また組織表からわかるように、各班の統括責任者がたいていは元参謀将校であって、シュパイデルも「米軍の戦史部は旧参謀本部の第七課（戦史）に相当するもの」と評している。（注27）そして、このＯＨＰ作業に携わった元参謀将校の多くが、のちに西ドイツの再軍備実現において中心的な役割を果たすことになる。

以上のようにして本格化したアメリカ軍による戦史研究企画（ＯＨＰ）は、ドイツ人側の積極的な協力によって、ＯＨＳが解散する一九四八年六月末までに、総数約一〇〇〇点、三万四〇〇〇頁にのぼる報告書を作成した。

そして、一九四八年のＯＨＳの解散とドイツ軍捕虜の釈放後も、ハルダーは戦史編纂事業の継続をアメリカ軍側に要望し、アメリカ軍側もその価値を認めて、ケーニッヒシュタイン、のちカールスルーエに本拠を置く「統制班」（Controll Group）が新たに編成され、今度は捕虜としてではなく、正式にアメリカ軍に雇われた形で作業が継続された。同班の構成はハルダー以下総数八人からなり、うち七人が元将官であり、作業の目的は、「かれら［元ドイツ軍人］のかつての職務からの広い見通しと、広範囲におよぶ個人的体験の蓄積とによって、より大きな軍事上の課題との関連の解明に必要な個々の事実の検証を可能にする」ためであるとされた。

そして随時必要に応じ、関係する元ドイツ軍人に各自が従軍した戦域に関する報告を書かせ、その総数は一三二人、内訳は元将官が八二人、元参謀将校二五人におよび、一九六一年までこの作業は継続された。（注28）アメリカ軍側はこれら旧ドイツ軍関係者からの報告を軍学校での教材として用いるため、一九五四年にアメリカ陸軍参謀本部の「戦史部」がこの「統制班」での作業の成果をまとめ、それが翌年にアメリカ陸軍省から刊行された。（注29）ただし、それらには具体的な著者名はつけられず、あくまで欧州駐在米軍「戦史部」作とされた。その理由として、「もし『統制班』の存在に好ましくない照明があてられると、政治・軍事・司法の各方面から破壊的な反発力に直面する恐れがある」ためであったと言われる。（注30）

（４）ＯＨＰ作業での大戦史叙述の内容

では、このようなアメリカ軍の管理下で進められた元ドイツ軍人による第二次世界大戦史の叙述作業は、どのような成果を生んだのであろうか。

ここで参考となるのは、前述したガルミッシュ捕虜収容所での叙述作業に際して、一時その統括をまかされたゲオルク・フォン・キュヒラー（Georg von Küchler　元帥・北方軍集団総司令官）が一九四七年三月七日付けでドイツ軍捕虜に示した叙述のガイドラインである。それによると、「ドイツの側からの戦闘経過の事実を叙述すべし。これはドイツの行為なのであり、ドイツの側から見た事柄であり、我が軍の各部隊にとっての記念碑とするためである」とされ、この示達にわざわざ「元帥」の呼称をつけている。(注31) そして、ハルダーの統括によって進められたアレンドルフ＝ノイシュタットでの作業と、さらにその後の「統制班」作業においても叙述の基本線が設定され踏襲されたのであり、それを整理するとほぼ次のようになる。

①基本的には、第一次世界大戦史編纂にあたってのかつての「国家公文書館」（Reichsarchiv）の作業を手本とし、個々の作戦指揮についての批判はさしひかえ、ただ事実だけを述べる。(注32)

②指揮官個人について、叙述者にとってその上官・同僚・部下の如何を問わず、いかなる問責もしてはならず、具体的に氏名を挙げる場合は注意する。ただし、すでにアメリカ軍側に知られている場合はこの限りでない。

③ドイツ軍の部隊指揮は称賛されるべきものであるとの事実を強調しなければならず、断じて軽蔑するようなことはしてはならない。

④すべての報告は、アメリカ軍側に提出する前にノートや草稿・断片も含めて――統括代理〔ガルミッシュではエルフルト、アレンドルフではホイジンガー〕に提出して校訂を経ること。(注33)

このドイツ側での叙述にあたっての基本線設定のねらいは、報告がほとんど何の資料もなしに各自の記憶だけに基づいたものであったから、専門的な点での誤りの訂正の必要があったのは当然である。だがそれ以上に、歴史上での旧国防軍、特に陸軍のイメージを統一することで、ニュルンベルク裁判後も引き続き主としてアメリカ軍によって実行されていたドイツ人戦犯への「継続裁判」（Nachfolgeprozess）への弁明、そしてハルダー自身も係わっていたドイツ国内での「非ナチス化裁判」（Entnazifizierungskammer）対策、さらに戦時中の作戦指導をめぐる前線指揮官と参謀本部との対立と軋轢、ことにハルダー自身とグデーリアン、あるいはハルダーとマンシュタイン（E. von Manstein）との確執の事実などを丸くおさめる、というねらいもあったと言えよう。[注34]そのため叙述にあたっては全員が必ず、「かつての至上の上官に対する個人的忠誠と服従と感謝の念を歴史叙述の際の基本方針とするよう義務づける」ことになり、元軍人同士でのかつての上官や同僚に対する批判はもちろん、政治的な見地からの非難も避けることになった。

そして軍人の中で責任を負うべきなのは、ただヒトラーに盲従したＯＫＷの一部の首脳ということにされた。具体的にはカイテル（ＯＫＷ総監）、ヨードル（ＯＫＷ国防統帥局長）、ライネッケ（Hermann Reinnecke　国防軍総務局長）、ブーレ（Walter Buhle　ＯＫＷ陸軍部長）、シュムント（Rudolf Schmundt）およびブルクドルフ（Willhelm Burckdorf　それぞれ総統付副官長）、シェルフ（Walter Scherf　総統委任戦史叙述担当官）であるとされた。このうちライネッケとブーレを除くといずれもこの時点ですでに物故した者ばかりであって、あきらかに「死人に口なし」の作為を看取することができよう。[注35]

こうして、元参謀総長ハルダーの指導によるＯＨＳと、それに引き続く「統制班」での作業の結果、出来上がったドイツ国防軍および第二次世界大戦像は、ほぼ以下のようになる。

まず全体像としては、「国防軍全体の、中でも特に陸軍の統帥はほぼ完全にヒトラーの犠牲となり、彼の犯罪的政策のための誤った道具にされ、〔これに対して軍部側は〕抵抗のためあらゆる暴君暗殺の手段と可能性を模索していた」、とされた。そしてこの前提のもとに、元軍人にとって最も関心のある個々の作戦での責任問題については、

①国防軍による清い作戦とＳＳによる汚い戦争とを峻別し、

②作戦・戦略面での立案と指揮の点で国防軍、特に参謀本部には誤りはなく、作戦失敗の原因はもっぱら、気象や地形の不利、そしてヒトラーの素人的な直観に基づくディレッタンティズム的指揮と、彼の「他者からの忠告の無視」の所為にされた。[注36]

そしてＯＨＰの作業が一段落し、多くの元軍人達が捕虜の身分から解放されると、ハルダーは一九四九年に『将帥としてのヒトラー』（Hitler als Feldherrn）なるパンフレットで、[注37]続いてホイジンガーが一九五〇年に『矛盾の中の命令――運命の時のドイツ陸軍――』（Befehl im Widerstreit-Schicksalsstunde des deutchen Anmee）という一種の対話体の物語で、[注38]このＯＨＰ作業でつくりあげた像を一般向けに公表し、これらの著作が国防軍と第二次世界大戦に関する

基礎資料として多くの研究者に利用されることになる。

二　なぜ国内外で受け入れられたのか

　以上見てきたように、アメリカ軍の監督のもとで進められた旧国防軍軍人による第二次世界大戦史の叙述と報告事業は、戦後の国防軍潔白論の形成にとって重要な過程であったとしても、それはあくまでアメリカ軍内部での純軍事的分野の関心事に限定されると見ることができよう。したがってこの論説が一般に定着して普及するのは、それがすぐにドイツ内外の権威者による公的な認知を受けたからである。

　その中心となったのは、ＯＨＰ作業でハルダーの片腕として活動した二人の元参謀将校、ホイジンガーとシュパイデルであった。この二人は一九四八年に捕虜の身分から解放されるとアデナウアーの安全保障問題の顧問となる。そして一九五〇年六月の朝鮮戦争の勃発によって一気に高まった西ドイツの再軍備実現の機運に際して、十月にシュパイデルとホイジンガー以下総勢一五人の元国防軍軍人（旧陸軍九人、旧海軍三人、旧空軍三人）が、モーゼル河畔のヒンメロート修道院に集まり、将来の再建西ドイツ軍の骨格に関する提言をアデナウアーに提出した。

　この「ヒンメロート意見書」(Himmeroder Denkschrift)と呼ばれる文書は、別名「ドイツ再軍備のマグナ・カルタ」とまで呼ばれ、その後の西ドイツの再軍備にあたっての基本線を示したものであり、実際に一九五五年から発足するドイツ連邦軍（Deutsche Bundeswehr）は、ほぼこの意見書に沿った形で建設された[注39]。

　だがここで問題なのは、シュパイデルが起草した「西側諸国へ」と、ホイジンガーが起草した「西ドイツ連邦政府への提言」という部分である。

　シュパイデルはドイツ再軍備のための「心理的」前提として、「西側諸国の政府代表の声明を通じてのドイツ軍人の復権(連合国管理理事会およびその他の法令によるこれまでの誹謗中傷の停止)。『戦争犯罪人』と判決されたドイツ人のうち、彼らが単に命令によって行動しただけの場合、そして旧ドイツ国法によって有罪とされたのでない場合は釈放。……ドイツ軍人(かつて国防軍の枠内で従軍した武装ＳＳも含む）へのいかなる誹謗中傷も停止し、国内と国外での世論の転換措置をとること」。

　続いて、ホイジンガーはやはり「心理的」提言として次のように述べている。

連邦政府と国民代表の側からのドイツ軍人のための栄誉声明。過去のそして未来の軍人およびその遺族の扶養の法的整備。すべての公務員と同じ権利。これが具体的かつ心理的要求にして前提の程度であり、その履行は差し迫って実行できるし、また実行されるべきである。(注40)

「結び」においてもう一度「心理的諸前提」が次のように強調される。

特別な強調をもって注目されるべきこととして、心理的諸前提の創造が必要不可欠である。それは単に、具体的な編成の進度に歩調をあわせるにとどまらず、むしろそれに先行して今すぐにも開始して、その前提・準備となさねばならない。決定的に重要なことは、ドイツ軍人の忠誠と清廉には不変の信頼性があり、ドイツの防衛貢献とヨーロッパ統合防衛軍に大いに益するものとなろう。否、まさしく最初からドイツ軍人への信頼と公正さが大きく示されればそれだけ、益するところも大きくなろう。(注41)

「戦争犯罪人」と判決されたドイツ軍人の恩赦。単に命令によって行動した限りにおいて、また旧ドイツ軍法による処罰の対象となるような行為のために有罪とされたわけでない限りにおいて。国の内外での元ドイツ軍人への誹謗中傷の停止。元職業軍人への扶助の法的規定。軍隊再建への労組の反対の調停。(注42)

ここで旧軍人達の求めるものが凝縮されており、特に「内外でのドイツ軍人への誹謗中傷の停止」とはまさしく、旧国防軍の潔白の公的認知であり、それがひいては戦犯とされた軍人の恩赦と復権要求の前提とされている。そしてすでにOHP作業の段階で「立証されていた」国防軍潔白証明が、この要求の論理的根拠とされたのである。さらにホイジンガーとシュパイデルは、一九五一年一月から六月までライン河畔のペータースベルクで開かれた、西ドイツの再軍備をめぐるアメリカ、イギリス、フランスとの協議、いわゆる「ペータースベルク会議」に西ドイツの軍事専門委員として出席し、ここでかさねて、「ドイツ側だけがロシア〔ママ〕に対する戦争で大量の経験をもっている。フランスのインドシナでの、あるいはアメリカの朝鮮での経験など、西欧防衛にとっては全くの周辺事のことにすぎない」と強調して、元ドイツ軍人の復帰の意義を訴えた。(注43)

（1）アイゼンハワーとアデナウアーによる国防軍潔白証明

「ヒンメロート意見書」でも繰り返し強調しているように、ホイジンガーとシュパイデルは西ドイツ再軍備実現のための「心理的前提」として、旧国防軍復権に関する西ドイツおよび西側諸国の権威筋による公的認知が不可欠であると考えていた。すなわち、「ドイツ軍人の完全な復権が世界世論の前で達成されてはじめて、西ドイツの防衛貢献を考慮されることになる」、というのである。(注44)

かくて一九五一年一月二十二日、バート・ホンブルクにあったドイツ駐在米高等弁務官ジョン・マクロイ（John Mcloy）の邸宅で、アデナウアーも出席した初代ＮＡＴＯ軍司令官アイゼンハワー（D. D. Eisenhower）歓迎会の席上、ホイジンガーとシュパイデルは事前に用意した旧国防軍についての「栄誉声明」の原文を示し、アイゼンハワーも了解して、口頭声明の形で以下に同意した。(注45)

一九四五年には私は、ドイツ国防軍、とりわけドイツ将校団が、ヒトラーやその暴力的支配体制の指導者達と同類だと考えていた――そしてまた、この体制の病理に完全な共同責任があるとも。今日私は、当時我々が立ち向かっていたところのヒトラーによる自由と人間の尊厳への脅威と全く同様のものを、まさしくスターリンとソヴィエト体制の中に出現しつつあるのを目撃している。当時の私は、軍人とはまさに一つの信念のために戦うべしとの考えによって行動していた。その後に私は、ドイツ将校団と国防軍の態度についての当時の判断が事実とそぐわないものであるのを認める。それゆえ私は、当時の理解――それはまさしく私の著書にも見られる――をわびることに何のためらいもない。ドイツの軍人は祖国のために勇敢かつ高潔に戦ったのだ。我々すべてに文化をもたらしたところのヨーロッパにおける平和の維持と人間の尊厳のために、全員が共同しよう。

続いて今度は、西ドイツ首相アデナウアーによって旧国防軍復権の公式認知がなされる。前述の「ヒンメロート意見書」の提言を受け入れたアデナウアーは、一九五一年四月五日の連邦議会で、旧軍人への年金再開に関する連邦基本法第一三一条に基づく「基本法第一三一条の項目に該当する人達の法的関係の調整のための法律」（通称「第一三一条法」）の趣旨説明でこう答弁した。

これによって外国での誤った印象を生むことなしに、以下のように付言することができましょう。すなわち、人道の法もしくは戦争遂行規定に違反した戦争犯罪人は我々の同情と容赦を受けることはできません。……しかし、実際に有罪であった者のパーセンテージは極めて低く小さいのであり、それによってかつてのドイツ国防軍の栄誉は何ら棄損されることはない、と申し上げることができましょう。これはとりわけ、かつての国防軍の職業軍人にあてはまり、敗戦後の時期にたとえば占領軍政府指令第三四号のような特別の措置によって見舞われたことであります。彼らはただその義務を遂行しただけなのに、敗戦の責任を彼らにだけ負わそうとしたのは全くの不公正であります。何人も職業軍人をそのかつての行為のゆえに咎めることはできません。(注46)

同じ日アデナウアーは、米英仏三国高等弁務官に対してもこう言い放っている。「どの国の軍隊にもそれぞれ独自の方法があり、このことは特にロシア軍〔ママ〕について言える。ところがアメリカ、イギリス、フランスのどの将軍もロシア軍と戦った経験を持たない。ドイツの将軍にはこの経験がある。こういう専門的判断力をもつ専門家が西側連合国の有力者の相談にあずかることは有益なことだ。この点をよく考えていただきたい(注47)」。

こうして、ドイツ内外の権威筋から国防軍潔白について公的認知が獲得され、さらにアデナウアーは一九五二年十二月三日、連邦議会での「ヨーロッパ防衛共同体」(ＥＶＧ)条約に関する法律の審議においても次のように言明した。

本日私はこの議場を前にして、ドイツ政府の名において言明することができます。すなわち、我が国民のすべての武器の担い手達が、いかに高い軍人としての伝統の名において、陸上に、海上に、そして大空で戦ったかを承認する、と。ドイツ軍人の名声とその偉大な成果は、過去何年間かのあらゆる非難中傷にもかかわらず、わが国民の中に生きつづけており、これからも生きつづけるであろう、と確信しています。ドイツの軍人精神の道徳的価値を民主主義と融合させることが我々の共通の課題であるべきです。(注48)

そしてマクロイと欧州駐屯アメリカ軍総司令官トーマス・Ｔ・ハンディ(Thomas T. Handy)の合意により、一九五一年一月三十一日付けをもって、死刑判決が下されていた戦犯一〇人の刑の中止と、三五人の禁固年限の短縮、さらに三二人の即時釈放が実現した。さらに同年八月一日の時点でまだ戦犯としてドイツと西欧諸国に拘留されていた三、六四九人が、一九五二年九月には一、〇一七人にまで減少し、一九五五年にはソ連に抑留されていた者の帰国も実現し、一九五八年に最後の戦犯がランツベルクから釈放される。(注49)

（2）元軍人の復権にともなう現象

こうして一九五〇年代前半に旧軍人達が一挙に解放されると、その多くがただちに回顧録を執筆して、まるで「軍事的体験記と回顧録の洪水」と呼ばれる現象を呈することになる。(注50)そのねらいとするところが何であったかについてはまだ論議の余地があるが、(注51)これら西ドイツで発表された元軍人の第二次世界大戦についての証言は、ほぼ次のような共通項が認められよう。

①戦争をあたかもスポーツかゲームのように描き、あくまで国防軍が騎士道的な戦争を遂行したことを強調（ケッセルリンク）。

②ドイツ側の作戦上の敗北、特に対ソ戦での敗北の責任は専ら素人的直観に頼ったヒトラーの過剰干渉のためであるとする（グデーリアン、マンシュタイン）。

③戦時中の軍人同士の対立については極力ふれない。

④対ソ戦を描く場合、住民に対する残虐行為についてはふれず、できるだけヨーロッパ＝ロシアでの戦闘の様子とソ連軍の性格について詳細に説明する（メレンティン）(注52)

このようにして元軍人達による回顧録の叙述の足並みがそろったのは、ひとえにＯＨＰ企画でハルダーによって定められた基本線に忠実であったためと、アメリカ軍の収容所での著述の経験が一種の「事前学習」になっていたと言うべきだろう。

それでも、国防軍がヒトラーの戦争を遂行したという事実は消えないから、その説明にあたっては、「軍人としての祖国への義務感と道徳的なジレンマとの間での苦悩」が正面に押し出され、かつ「ドイツ史上の例外的で悪魔的な存在であるヒトラー個人による戦争」と、それに加担せざるを得なかった軍人達の「宿命」もしくは「運命」、という一種の劇的な表現法での説明が用いられることになった。(注53)そしてＯＨＳと「統制班」で著述の基本線と方法を習得した元参謀将校のかなり多くの者が、回顧録や第二次世界大戦史執筆を通じて著述活動に入り、ある者は大学の教職を得て軍事史家もしくは軍事評論家として活動するようになる。(注54)

一九五五年にドイツ連邦軍が正式に発足すると、ホイジンガーは初代の軍総監（Generalinspekteuer）に就任し、シュパイデルはＮＡＴＯ代表、さらに一九五七年からはＮＡＴＯ中欧地上軍司令官に着任して、ともに制服組のトップに立つことになった。(注55) さらにハルダーは一九六一年にアメリカ軍当局から、軍事上の貢献をした文民に与えられる最高功労賞「Meritorious Civilian Service Award」を授与される。そして一九七二年四月のハルダーの死に際してはドイツ連邦軍の正式の栄誉礼によって葬送され、弔辞を読んだのはホイジンガーであった。(注56) かくて、アメリカ軍の捕虜としてＯＨＰ企画のために集められた元参謀将校達は、アメリカ軍のための大戦史叙述を通して旧国防軍、特に旧参謀本部の潔白証明を行い、西ドイツの発足と再軍備実現をいわば「奇貨として」公式に流布することに成功したと言えよう。

まとめと今後の問題

以上、一九四五年五月のドイツ国防軍の完全降伏と国土の完全占領から、一九五五年の西ドイツの再軍備にいたる期間の、アメリカ、特にアメリカ陸軍の政策と、それに対応した元ドイツ軍人の行動を通じて、国防軍潔白論の生成から定着の過程を概観した。既述したＯＨＰ企画が戦犯訴追と並行して推進されたことでも明らかなように、アメリカ軍側の元ドイツ軍人に対する取り扱い方針は決して一定したものではなく、ドイツ人側はアメリカ軍側のその都度の態度に翻弄されたと見ることができる。また逆に、ドイツ人側はアメリカ軍側の頻繁な方針変更に便乗するのに成功した、とも言える。しかし後から見ての結果がどうあれ、国防軍の潔白の証明は当時の元ドイツ軍人達にとってはまさしく「生き残り」のための必死の努力だったのである。それはまず、死刑判決も充分に予想される戦犯訴追から逃れ、雨露をしのぎ日々の食事を確保するための努力だったのであり、それには勝者たるアメリカ軍の意向に沿う以外に選択の余地はなかったと言えよう。(注57)

また、米ソ冷戦の激化に乗じて、「対ソ戦の専門家」として何とかアメリカ側に自分達を売り込もうとしたのも、それが恐らく旧ドイツ軍人にとって唯一可能な生計の手段と考えられたからであろう。したがって、ＯＨＳの解散後も引き続きアメリカ軍に雇われて戦史編纂事業に従事したハルダー等と、国防軍免責の公的認知、さらには西ドイツの再軍備実現のために内外の政治家・軍人との交渉を続けたホイジンガーとシュパイデル等と、そのめざすところは表裏一体のものだったと捉えられよう。(注58)

だが、その結果定着した国防軍潔白論によって、戦前と戦中におけるナチス・エリート層内部の人間関係について、研究上の大きな空白を残すことになった。ヒトラーと軍人達との、また軍人同士の、そして軍人達とナチス幹部や他の政治家・官僚との、それぞれの人間関係についてはいまだに解明されていない部分がある。(注59) そして、すでに触れたように、この戦前・戦中における国防軍をめぐる人間関係の実態こそ、ＯＨＰ作業の時も、そして西ドイツ成立後も、ハルダー以下の元軍人達が叙述にあたって最も用心した点なのである。

したがって、もしこの点の解明がなされなければ、国防軍と第二次世界大戦、特に対ソ戦をめぐる諸問題の究明に今後も決定的かつ重大な欠落を抱えたままになってしまうだろう。そうすると、ＯＨＰ作業を通じてハルダーの監督のもとに作り上げられた国防軍と第二次世界大戦像がこれからも生き続けることになりかねない。大変な作業ではあるが、我々はもう一度、旧ドイツ軍関係者による戦後の各種の証言のすべてについて、徹底した洗い直しに直面させられていると言うべきだろう。

第2章　東西ドイツ史学とそれぞれのタブー

――ソ連崩壊によって解けた封印――

問題…東西ドイツ史学はどのような影響を及ぼしたか

一九九〇年代初頭のソ連・東ヨーロッパ諸国での社会主義体制の崩壊と東西両ドイツの統一は、第二次世界大戦後のヨーロッパを支配してきた冷戦構造の政治的・経済的・軍事的終結を意味するだけでなく、一九四五年までの時期に関する歴史叙述の上での東西対決という構図の終焉をも意味した。これは特にソヴィエト連邦についての歴史のタブーの封印が解かれた点で顕著である。(注1)

しかし同時に、冷戦時代に対決状態にあった東西両ドイツでの歴史叙述と研究のあり方についての封印も解かれる結果となった。(注2)無論、戦後四〇年間の東西両ドイツ史学全体を網羅するのは不可能であるが、本章では、冷戦時代、特に東西両ドイツ史学の間での最も尖鋭な対立点であったところの、一九一八年から一九四五年までのドイツ現代史、特にヒトラーと国防軍との係わり、そして第二次世界大戦史について、互いにどのような優位性を感じつつ、同時にどのようなタブーを抱えていたかを比較検討する。それにより、冷戦体制下での政治と歴史叙述との係わり、さらには冷戦終結後の今日に及ぼしている影響について考えてみたい。(注3)

一　西ドイツ史学の出発点――一九五〇年代前半の状況――

一九四五年五月にドイツが連合国側に降伏してから、一九四九年にドイツ連邦共和国（ＢＤＲ――以下、西ドイツ）とドイツ民主共和国（ＤＤＲ――以下、東ドイツ）が発足するまで、ドイツは戦勝四ヵ国による完全占領状態にあり、個々のドイツ人も毎日の衣食住の確保に精一杯であって、とても歴史叙述や、いわんや本格的歴史研究の余裕などなかった。

だから、〝昨日の〟出来事であったヒトラーと第二次世界大戦についての叙述自体も、一九五〇年代になってから登場したと言ってよい。

だが一九五〇年代前半というのは戦後史の上では、西ドイツの完全な主権回復・再軍備・ＮＡＴＯ加盟が達せられた時期であり、すでにここから西ドイツでの現代史叙述は、はっきりとした方向性をもって出発することになった。すなわち西ドイツの主権回復と再軍備は、それまでに戦犯として訴追され、連合国（ここでは西側のこと――以下、単に連合国という場合は西側諸国のことを指す）側によって拘留されていた元ドイツ軍人と武装ＳＳ隊員の釈放と復権をともなってのことだったのである。(注４) そして、釈放され帰国したこれら元ドイツ軍人達のほとんどが西ドイツを選び、すぐさま回顧録もしくは第二次世界大戦史の著述を発表した。これは、当時のドイツでは東西を問わず、ナチス時代、特に第二次世界大戦に関係のある公文書の大部分が連合国側に押収され、学術研究に利用できない状況下にあったため、直接の当事者による証言はそれなりに貴重であり、したがって西ドイツでの現代史、特に第二次世界大戦史研究は、これら元軍人達の証言から始まった、と言うことができる。(注５)

二　西ドイツでの元軍人による回顧録の共通点

これら一九五〇年代に、どっと出現した元軍人による第二次世界大戦史叙述は、どれもほとんど共通した内容と性格をもっていたと言われ、そこに何らかの戦史以外の意図を読み取ることもできる、と言われる。では、この時期の元ドイツ軍人による著述がどのように共通した内容をもっていたのか。ここで現在まで判明している、これら西ドイツでの元軍人達による大戦史叙述の性格を紹介しておこう。(注６)

共通する特徴の第一は、叙述が純軍事、すなわち作戦と戦闘にのみ限られ、それ以外の問題には一切触れられていないことである。そして国防軍（そしてもちろん武装ＳＳでも）による戦前・戦中の政策と行動のうち、次の諸問題についてはほとんど全くといってよいほど欠落している。(注７)

その一　すでに戦争開始前に国防軍自体がヒトラーの反ユダヤ政策に歩調を合わせるようにして「アーリア人条項」を設け、ユダヤ系の将兵の追放をはかっており、国防軍では「建前として」反ユダヤ主義が教条となっていたこと。

その二　一九四一年に対ソ戦が始まると、多くの有名な指揮官が麾下の部隊に向かって〝反ユダヤ・反ボルシェヴィキの聖戦〟を布告したこと。

その三　実際の対ソ戦とバルカン戦で、国防軍はSSその他のナチス党の機関とともに国際法違反の行為に手を染めており、それもかなり自発的かつ積極的に行ったこと。(注8)

これらの問題は、戦後の連合国側による戦犯訴追の重要な案件であったため、元軍人達が我が身の潔白を証明するために、叙述を純軍事に限定したのは明らかである。(注9)しかしこれら元軍人達による叙述では、もう一つの特徴が顕著である。

第二の特徴とは、大戦中のドイツ側の作戦の失敗の責任は、専らヒトラーの素人的な作戦への干渉と介入、そしてヒトラーに盲従した国防軍最高司令部（ＯＫＷ）の軍人、具体的にはニュルンベルク裁判でＡ級戦犯として死刑判決を受けた総監ヴィルヘルム・カイテルと国防統帥局長アルフレット・ヨードル等にあり、参謀本部や前線の指揮官達には敗戦の軍事的責任はない、とする態度である。(注10)

要するに、ヒトラーの余計な作戦への干渉がなかったらドイツは戦争に勝てた、との説明である。これは軍事の専門家としての本音でもあり、かつ敗戦後にはどの国でも出現する自己弁護である。しかし、以上に挙げた政治的・道義的な責任と軍事的な責任のどちらもそろって回避しようとする、あるいは他に転嫁しようとする試みは、戦後西ドイツの置かれていた政治状況と国民感情と結びついて、その後の歴史研究にも決定的な影響を与えてしまった。(注11)すなわち〝潔白な国防軍〟なる神話の発生である。

ではこの神話の影響力がどのようなものであったかと言えば、前述したように戦争直後の時期にはまだ第二次世界大戦についての公文書資料を用いての研究が困難な状態であったため、これら元ドイツ軍人による著述はすぐにその多くが英訳されて世界中に流布するようになった。そして、それらは我が国でも紹介された多くの英米のノンフィクション作家による第二次世界大戦記の基礎資料になり、さらにその多くが映画化されて、日本も含めた西側世界でのドイツ国防軍イメージを決定してしまったと言えよう。(注12)

そこで描かれるドイツ軍人は〝敵ながら天晴れ〟との視点からの尊敬すべきプロの軍人で、しかも必ず非ナチスもしくは反ナチスであって、〝きれいな戦争〟をしたことになっている。だから、国防軍軍人の中に熱狂的なナチス主義者が大勢いたことも、実際には相当〝汚い戦争〟をしたことも、しかもそれが単に対ゲリラ戦の過程で発生したことではなく、開戦当初からのいわば「確信犯」的行為だったことも伏せられている。(注13)

三　著作ラッシュを生んだ背景

では、これら戦後の西ドイツで発表された元軍人達による著作がほとんど横一列にそろった内容であった理由が、単なる敗戦や戦犯訴追に対する自己弁護だけの目的だったのだろうか。この点は今日から振り返ってみて、一九五〇年代前半の西ドイツをめぐる時代背景抜きには考えられない。

まず、一九五〇年の朝鮮戦争の勃発によって、西ドイツ国内とＮＡＴＯ諸国で高まった第三次世界大戦の危機、および西ドイツの再軍備をめぐる論議を挙げねばならない。(注14) その際、西ドイツの軍事的貢献を可能にするために全国民的な協力をとりつけるにあたって必要だったのは、この時まだ戦犯として連合国側に身柄を拘留されていた元国防軍軍人および元武装ＳＳ隊員の釈放と、歴史評価の上での国防軍の免罪および元軍人の完全な復権であった。そして一九五七年までに西側諸国からすべての元ドイツ軍人が釈放され、またこの二年前に西ドイツ首相アデナウアーがみずから訪ソして、まだソ連に抑留中だった元軍人の釈放もかちとった。(注15)

こうして、現実政治で西ドイツの再軍備とＮＡＴＯ加盟が実現する一九五五年までに、同時に元軍人の釈放と復権、さらに国防軍そのものの免罪が達成されていたことになる。(注16) このような背景のもとに、釈放され帰国した多数の元軍人による著作があふれ出ることになった。だが、これら元軍人による著作は、単なる自己弁護や当座の収入などの目的以外に、もっと別の意図もあったと言われる。(注17) それは、一九五一年四月五日に、首相アデナウアーが西側三国のドイツ駐在高等弁務官に対して放った次のような言葉が示している。

いかなる軍隊もその独自の方法というものをもっているが、そのことが特にあてはまるのはロシア（註：これはソ連のこと）である。しかし現在のところ、アメリカ、イギリス、フランスでロシアと戦ったことのある将軍は一人もいない。だがドイツの将軍にはその経験がある。(注18)

すると、「ロシアとの戦闘の経験をもつ」元ドイツ軍人による著述と証言は、「まだロシアとの戦争の経験のない」西側諸国の、言い換えればすべてのＮＡＴＯ諸国の軍人にとっての、来るべき対ソ戦のための唯一の貴重な実体験に基づく教科書、乃至《ないし》は教則本の役割をもつとされたのである。そしてこれら元ドイツ軍人は、その著述を通じて自己弁護や国防軍免責と並んで、現実のＮＡＴＯの対ソ戦略の一助を担

う、との貢献もしくは効用を主張することができたのである。[注19]

四　軍事史家となった元参謀将校の影響

一九世紀初め、ナポレオン戦争の敗北の中で登場したプロイセン参謀本部、のちのドイツ参謀本部は、伝説的になった「大総長」ヘルムート・フォン・モルトケ（Helmuth K. B. G. von Moltke）以来、古今の戦史の編纂と研究がその業務の重要な部分とされ、個々の参謀将校にもそれなりの歴史的素養が求められた。そのため、たとえば、第一次世界大戦開戦時のドイツの戦略計画を考案した総長アルフレット・フォン・シュリーフェン（Alfred von Schliefen）は、伝説的となったその対仏作戦計画に古代戦史の例をとって、「カンネー戦略」と名付けたし、[注20]あるいは一九三八年八月、当時の参謀総長ルードヴィッヒ・ベックは、歴史上の前例から判断して、もしこれ以上ヒトラーが対チェコ冒険政策を追求していけば、ドイツは必然的に東西二正面戦争の破局に陥る、として抗議の辞任をした。[注21]

これら両世界大戦前の参謀総長の例に見られるように、ドイツの参謀将校は、古代ギリシャ以来 の戦史についての造詣が深く、昔から実際に歴史研究に携わって著作を公けにすることも決して稀ではなかった。[注22]

特に、やはり参謀本部が禁止された第一次世界大戦後の時代に、退役した参謀将校の多くが世界大戦公刊戦史編纂を目的とした「国家公文書館」に集まり、修史事業に携わり、また第一次世界大戦中の主要な元軍人達もきそって回顧録を公けにした。そして、これらの著作がヴァイマル共和国軍とのちのドイツ国防軍での参謀教育の教科書になったと言われる。[注23]

では、国土の完全占領と国家そのものの消滅となった第二次世界大戦後はどうであったか。ここでも実は終戦直後から、〝昨日の出来事〟としての第二次世界大戦史に関する元ドイツ軍人の証言の整理と研究は始まっていたのである。ただし、終戦の時点でドイツ側は全員が捕虜の身分になったから、到底著述や研究の余裕はなかった。最初にそれを手がけたのはアメリカ占領軍であって、第二次世界大戦でのアメリカ軍の作戦に関する公刊戦史編纂事業と、戦犯裁判のための資料集めを目的として、ドイツに設置されたアメリカ軍の捕虜収容所に主だったドイツ軍の元高級将校、特に軍司令官と参謀将校を集め、最初は尋問形式で、やがて各自に報告書を書かせる、というやり方で、第二次世界大戦史の編集事業

が一九四六年から始められていた。(注24)

すぐにアメリカ軍側では、効率的な整理のためには元ドイツ軍人達を従軍した戦域と職務に応じて作業班に分類して、ドイツ側に自主的に報告の形で叙述させるのがよい、との判断に達した。その際アメリカ軍側から元ドイツ軍人達による報告作業の統括責任を委託されたのが、前述のベックの後任として一九三八年八月から大戦中の一九四二年九月まで参謀総長だった元上級大将フランツ・ハルダーである。そしてハルダーのもとで、統括代理兼作業委員長兼陸軍班統括として戦史叙述の指揮を執ったのは、元中将で大戦中の一九四〇年九月から一九四四年七月まで参謀本部作戦課長だったアドルフ・ホイジンガーだった。こうして、アメリカ軍の捕虜という窮屈な環境の中で、大戦中の上司と部下の関係がそのまま引き継がれて、第二次世界大戦史の叙述は出発していたのであり、その中心となったのは元参謀将校出身者であった。(注25)

ハルダーもホイジンガーも、大部の回顧録や戦史叙述のたぐいは発表していない。だがハルダーが一九四九年に発表した『将帥としてのヒトラー』は、見開きＡ４判のわずか六一頁にすぎない小冊子だったが、翌年には英訳され世界中に紹介された。(注26)この中でハルダーは、いかにヒトラーが素人的な直観に基づいて作戦の仔細な点にまで干渉し、いかに軍事の専門家、すなわち自分達参謀将校からの〝真っ当な〟意見を無視して無茶苦茶な作戦指導をしたかを強調した。このハルダーの著書は薄い内容ではあるものの、大戦中のヒトラーによる作戦指導の実態についての、その場に直接居合わせた元参謀総長による証言だけに、その後の西ドイツだけでなく広くアメリカ、イギリスなど西側諸国での第二次世界大戦史叙述おける重要な資料として利用された。同時にこのハルダーのパンフレットは、その後の元ドイツ軍人による回顧録叙述の方向性をも決定することになる。すなわち、第二次世界大戦、ことに独ソ戦での敗北の原因はヒトラーによる作戦への無用な干渉と介入にあり、国防軍ことに参謀本部は敗戦の責任はない、とする国防軍免責論の原点となった。(注27)

続いて翌一九五〇年に、今度はホイジンガーが『矛盾の中の命令――運命の時のドイツ軍――』という題の著書を発表した。これも当時の西ドイツでの困難な出版事情を反映してか、やはり見開きＡ４判で三〇〇頁あまりの内容である。このホイジンガーの著書を簡単に紹介すると、「ヴァイマル共和国時代の某連隊での連隊長と副官との対話」から始まって、一九四四年七月二十日のヒトラー暗殺未遂事件後に陰謀派との関係を疑われたホイジンガーとゲシュタポの係官による取り調べの様子が、すべて対話体で述べられている。これ以外にも、「対西方戦開始直前の一九四〇年四月某日のハルダーとボック（Fedor von Bock　当時B軍集団司令官）の対話」とか、一九三九年十一月五日のヒトラーと陸軍総司令官ブラウヒッチュ（Walther Heinricha Alfred Hermann von Brauchitsch）の対話」とか、はては「対ソ戦中の総統大本営中庭でのヒトラーと副官長シュムントの対話」、あるいは「対ソ戦中の某日における大本営作戦会議の様子」などを、実に生き生きと、まるで〝その場にいるように〟、あるいは〝見てきたように〟描写している。いくら総統大本営に勤務していたからといって、ホイジンガーは当時一課長にすぎず、このようなヒトラーとその最高の側近との内密の会話にまで立ち入ることができるはずがない。だがここでもまたハルダーのパンフレットの叙述同様、ヒトラーによる異常な作戦指導の実態とか、ニュルンベルク裁判で刑死したOKW総監カイテルのヒトラーへの盲従ぶりとか、スターリングラード作戦中の参謀将校達の憂慮の様子などが強調されている。(注28)

だが、それは現場にいたホイジンガー本人が直接見聞したことの証言でもなければ、何らかの資料と根拠を示しての叙述でもない。通常の回顧録や戦史とさえ言えず、どう見ても創作による戯曲、あるいはシナリオとしか言えない。しかし、きわめてわかりやすく、まるで読者は〝その場にいるように〟情景を彷彿とさせる表現力のおかげで、本書は当時の西ドイツで大変な評判を呼び、三六もの書評で取り上げられたという。(注29) ホイジンガーの著書はいわばハルダーを補完して、よりその場の様子をわかりやすく描写した内容であって、読むだけなら非常に面白く、しかも真に迫っている。そのためのちに、多くの著者がほとんど無批判に引用することになった。(注30) こうして、根拠の不明なホイジンガーの著書の内容、ことに参謀本部とヒトラーとの関係についての描写はそのまま現実の第二次世界大戦史として、西側世界で定着してしまった。(注31) そしてホイジンガー自身は、西ドイツ再軍備に関するアデナウアーの重要な相談役となり、一九五五年にドイツ連邦軍が正式に発足すると、大将として「連邦軍総監」に就任する。

元参謀将校による第二次世界大戦史への影響の例として、もう一つ見落とすことができないのは、元大将で終戦時に西部方面軍参謀長だったギュンター・ブルーメントリット（Günther Blumentritt）の場合である。ブルーメントリットは終戦によって指揮官の元帥ルントシュテット（Rundstedt）とともにイギリス軍の捕虜となり、イギリスの収容所におくられた。そこでブルーメントリットは、有名なイギリスの軍事評論家で軍事史家のリデル＝ハート（Basil Liddel=Hart）からの詳細な質問にこたえ、一九四八年にリデル＝ハートは、ブルーメントリットからの聞き取りを中心としたドイツ側から見た第二次世界大戦史である『丘の向こう側』（The Other Side of the Hill）を発表し、これがやはり西側での第二次世界大戦観とドイツ国防軍観に決定的な影響を与えた。（注32）

釈放されたのちもブルーメントリットは国防軍と第二次世界大戦に関する執筆活動を続け、戦後の時代での旧国防軍ことに参謀本部のいわば〝広報〟の役割を果たすようになる。たとえば一九五九年に刊行され、六三年には映画化されて評判となったアメリカのノンフィクション作家コーネリウス・ライアン（Cornerius Rian）の、一九四四年六月六日の連合軍によるノルマンディー上陸作戦史『一番長い日』（The Longest Day　邦題『史上最大の作戦』）も、迎え撃つドイツ側の描写のほとんどはブルーメントリットの証言に基づいている。（注33）

さらに一九五一年には、太平洋戦線も含めた西ドイツで最初の包括的な『第二次世界大戦史』が発表されたが、その著者クルト・フォン・ティペルスキルヒ（Kurt von Tippelskirch）もやはり元陸軍大将で、戦時中は各地の参謀長・軍司令官を歴任した。（注34）あるいは参謀本部で第四部長（戦史）だった元大将ヴァルデマール・エルフルトは、一九五七年に『ドイツ参謀本部一九一八年―一九四五年』（Geschichte des Deutschen Generalstabes 1918-1945）を著して、軍事史家として活動するようになった。（注35）

これ以外にも、戦後に歴史研究者として大学に職を得た元参謀将校の代表的な名前を挙げれば、ヴァルター・フーバッチュ（Walther Hubatsch）、ハンス・アドルフ・ヤコブセン（Hans Adolf Jacobsen）、J・A・グラフ＝キールマンゼグ（J. A. Graf = Kielmannseg）、アルフレート・フィリッピ（Alfred Phillipi）など枚挙に暇がないほどである。（注36）

こうして戦後の西ドイツでの国防軍と第二次世界大戦史の叙述と研究は、アメリカ軍による戦史編纂事業に端を発して、その後もとだえることなく、元参謀将校を中心にして継続されてきた。当然そこでは国防軍、特に参謀本部擁護が基本線として貫徹されるとともに、冷戦の激化の中で現実に対ソ戦争を想定したＮＡＴＯ軍のための教科書として、その存在意義を主張することができたのである。

五　矛盾を解決できなかった西ドイツ史学

このように西ドイツでの現代史研究、特に国防軍と第二次世界大戦史研究は米英側の支援もあって、研究者の層の厚さでも資料の点でも東ドイツ側に比べて圧倒的な優位に立って出発することができた。だが実はそこに、国防軍関係者にとっても西ドイツ史学そのものにとっても致命的となるため、わざと不問に付された問題がひそんでいた。それは、国防軍とヒトラーおよびナチスとの関係それ自体に関するものである。

すなわち第一に、なぜドイツ軍部はヒトラーによる独裁体制確立を容認したのか。

そして第二に、なぜ国防軍の軍人の大多数はヒトラーによる戦争に積極的に加担したのか、しかも敗戦がほとんど避けられなくなった最後の瞬間まで、との問いであった。

これらは、「敗戦の責任は専らヒトラーにあって国防軍にはない」とする国防軍潔白神話それ自体に内在する矛盾である。だがこのような矛盾を本当に解決しようとすればどうしても一種の自己否定、あるいは相当の自己批判抜きにはあり得ない。しかし、もしそのような自己批判を公けにすれば、戦後の西ドイツでの元軍人達の存在そのものが問われかねず、それはまた七〇〇万人にもおよぶ全国防軍将兵の侵略戦争加担との非難、あるいはヒトラーによる戦争犯罪加担との連合国側からの非難を認めてしまうことになる。(注37)

これは元軍人達にとっても、またみずからをナチスと大戦の被害者と見なす西ドイツ世論にとっても、到底容認できることではなかった。そこで〝軍人の責務〟(Soldateenpflicht)とか、〝義務の観念〟(Pflichtgefühl)とか〝祖国愛〟(Vaterlandsliebe)、はては〝宿命〟(Verhängnis)や〝運命〟(Schicksal)という、きわめて曖昧で抽象的な決まり文句でこの矛盾を切り抜けようとした。その例としては、前述したホイジンガーの著書の表題が代表的である。(注38)

だがこの点に明快に答えられない限り、西ドイツでいくら詳細な現代史叙述が発表されても、決定的な弱点を抱えこんだままということになる。東西冷戦の最前線にあった西ドイツ世論は、それで満足したとしても、諸外国、特に戦時中にドイツ軍の支配下にあった諸国での国防軍に対する疑問は、解消されるわけではない。この点が、同時代の東ドイツ史学が最大の問題として取り上げることのできる、いわば西ドイツ非難の「急所」となった。

六　ソ連政治に制限された東ドイツ史学

以上のように西ドイツでの現代史叙述と研究には深刻な

問題性が内在してはいたものの、多くの関係者による証言と資料の豊富さ、そして戦前からの専門の歴史学者の存在によって、戦後もそれなりに成果を示すことができた。これに比べ、東ドイツでは事実上ゼロから出発しなければならなかった。

その理由の第一は、大学の専門の歴史学の教員そのものがほとんど見あたらず、戦後世代の若い学徒から新たに教育せざるを得なかったこと(注39)。

第二に、元国防軍軍人で東ドイツを選択した者の数がきわめて少数で、たとえば元帥ではスターリングラードの降将フリードリッヒ・パウルス（Friedlich Paulus）ただ一人であったように、証言そのものの量が西ドイツ側に対して甚だしく少なかったことである。また公文書資料もソ連側が捕獲したものに限られたため、この点でも西ドイツ側に比べて著しく不利であった。それで当初の現代史叙述のほとんどは、ニュルンベルク裁判の証言と資料に依拠してのことになった。

さらに東ドイツ史学にとってのハンディキャップは、ソ連占領地区に成立したという政治的事情から、厳重にソヴィエト史学の、あるいはソヴィエト政治の枠内に限定され、研究対象も問題設定も分析もその範囲を踏み越えることはできなかった。たとえば一九五三年に創刊された東ドイツの史学雑誌の中心である『歴史科学雑誌』（Zeitschrift für Geschichtswissenschaft）は、「マルクス・エンゲルス特集」で始まり、この時点でまだ存命だったスターリンの言葉が巻頭をかざっている(注40)。その後も東ドイツの史学論文では、ソ連での指導者の交代にともなって、冒頭に引用されるのはフルシチョフ（N. S. Khrushchev）、ブレジネフ（L. I. Brezhnev）と変化していった。しかし、ソ連での指導者交代の如何にかかわらず、その後も東ドイツ史学はソ連側の設定した枠を越えることは許されず、一貫した研究上のタブーが存在した。この東ドイツ史学に割り当てられた現代史叙述でのタブーとは、

一　独ソ不可侵条約締結から独ソ戦開始（一九三九年八月二十三日―一九四一年六月二十二日）の期間のソ連外交を弁護すること、

二　独ソ戦初期（開戦から一九四一年十二月のモスクワ攻防戦まで）の戦闘の経過には論評を加えず、ただ起こった状況のみを叙述すること、

三　大戦中のソ連によるヴォルガ・ドイツ人など国内少数民族に対する懲罰的強制移住と大戦末期にドイツ本国に侵攻したソ連軍将兵による不法行為、ドイツ軍の捕虜となって戦後帰還した赤軍将兵に対する懲罰的措置、に

ついては扱わないこと。(注41)

なるほどこれらのタブーはのちに一九八〇年代末から一九九〇年代初めに現実のものとなるように、ソヴィエト連邦そのものの存在を脅かしかねない性格の論題であった。だからこそ、ヒトラーとスターリンとの間で東欧分割を取り決めた独ソ不可侵条約付属秘密議定書は絶対に存在しないものとされ、バルト三国のソ連への併合も、これら諸国で正当に選挙された議会での一致した決議による要請の結果であるとされた。これらの点で東ドイツでの叙述はソ連側の公式見解から一歩もはみ出すことはなかった。

また、東ドイツでの資料と証言の量の不足は、必然的にソ連から提供される資料に依拠せざるを得ない状態となり、ソ連で発表された文献や証言はすぐに東ドイツで訳出された。これはある意味で東ドイツ史学が現代史についてのソ連の代理の広報機関的役割を果たすことにもなり、それはまたロシア語という国際的になじみの薄い言語にかわって、西側でも普及度の高いドイツ語への翻訳を通じて、ソ連側の動向を紹介し代弁することにもなった。実際、特にフルシチョフ時代になってから、ソ連の公刊戦史だけでなく、多数の赤軍軍人の回顧録がドイツ語訳され、それが西側世界でも独ソ戦の資料として利用されるようになった。(注42)

このような東ドイツ史学のもつ性格と弱点は、東ドイツという国家そのものの限界から発していたのであり、その点は西側でもはっきり認識されていたから、東ドイツ史学の成果は西側ではほとんど無視されるか、利用される場合でも一定の条件付きで参考にされるだけであった。

だが東ドイツ史学はこれら外的な制約以外に、その基本の教条である戦前のドイツ共産党（ＫＰＤ）の史観、あるいはもっとさかのぼってマルクス主義の唯物史観そのもののもつ制約を克服できなかったとも言えるだろう。一八世紀フランス啓蒙思想以来の西欧合理主義に立脚した唯物史観では、二〇世紀ドイツでのヒトラー現象をうまく説明できなかった。一応、一九三五年のコミンテルンでの「ディミトロフ・テーゼ」によって対応することになるのだが、単にファシズムを没落の危機に瀕した金融独占資本主義の新種の凶暴な道具とだけ規定してしまうと、ヴァイマル共和国時代の選挙でのナチスの優勢の理由とか、第二次世界大戦中にドイツ国内や国防軍内部で前大戦の時のような反政府・反戦運動が起こらず、最後までドイツ国民の大多数がヒトラーに従った理由、などドイツ現代史での肝心の問題点の説明が不可能になった。(注43)

それはさらに、ヒトラーとナチス現象の最も非合理的側面であるユダヤ人排斥と迫害、さらには絶滅にいたる、いわゆるホロコーストについても、また独ソ戦争の中でのドイツ側によるソ連でのユダヤ人絶滅作戦や、捕虜となった赤軍政治委員に対する即時射殺命令、いわゆる「コミッサール命令」の意味についても説明できなかった。そして、対ソ戦を始めるにあたってヒトラーがソ連を〝ユダヤ・ボルシェヴィズム〟として非難し、ソ連での共産党体制打倒とユダヤ人絶滅とを同一視したことについても、東ドイツ史学では何の解答も示すことはできなかった。これには無論、ソ連自体が独ソ戦でのドイツ側によるユダヤ人絶滅策について触れることを望まなかったという事情も関係している。すなわち、「もし独ソ戦でのドイツ側によるユダヤ人絶滅策を強調すると、まるでドイツ側の戦争理由はユダヤ人絶滅が最大の目的だったかのような印象をあたえかねないから」という理由であった。(注44)

ただし、ファシズム解釈と第二次世界大戦研究をめぐる唯物史観そのものの問題までふみこむのは、本項の論題からはみ出してしまうので、この点は以上でとどめたい。

七　旧支配層とヒトラーの関係を暴いた東ドイツ史学

では、このような内的・外的な制約のために東ドイツ史学は単なるソヴィエト史学、あるいはソヴィエト国家と共産党の代弁者の役割しか果たさなかったのか、そこには何らかの意義があったのかどうかが問題となる。その点については、ドイツ統一とソ連からの制約の解消、また西ドイツの公文書資料を自由に利用できるようになった、という条件のもとで、以前からの研究上の立場をほとんど変更することなく、現在でもかなり多くの旧東ドイツ史学界の研究者が活動を続けており、多くの成果を発表している。したがって、旧東ドイツ史学は全く無意味だったと言うわけではなく、一定の意義はあったと言えよう。(注45)特にドイツ現代史での軍部や独占資本、ユンカーなどの旧支配層とヒトラーとの関係についての追求の点では、東ドイツ史学の成果はそれなりに意義がある。(注46)

ここでは主に国防軍とヒトラーとの関連に絞ってみると、すでに「五　西ドイツ史学の問題点」で述べたように、西ドイツで発表された元軍人達による証言と、それに依拠した西ドイツの研究には二つの決定的な欠陥、もしくは〝弱点〟があった。

それは第一に、どれほど国防軍がヒトラーによる独裁体制強化と戦争準備に協力したか、という点。そして第二に、第二次世界大戦ことに対ソ戦での国防軍による不法行為、もしくは戦争犯罪についてである。そして東ドイツ史学はこの二点について、全く擁護論や弁解抜きで問題として取り上げることが可能だった。それは言うまでもなく、「社会主義統一党」（SED）の前身だった戦前のドイツ共産党が、第一次世界大戦後の〝匕首《あいくち》伝説〟にも加担せず、ましてやヒトラーによる再軍備と戦争政策にも全く関与しなかったからである。そのため、第二次世界大戦後に連合国側から戦犯裁判で訴追されるようなほとんどすべての案件について、東ドイツ側は史学界も含めて、〝手を汚していない〟全く潔白な立場で研究に臨むことができたからであった。(注47)

そのために東ドイツ史学では、西ドイツ側が極力避けようとしていた論題であるところの、国防軍とヒトラーとの関係、およびナチス犯罪との係わりについて取り上げることができたし、また前述のように西ドイツで元軍人の大部分が復権を果たし、中には連邦軍の幹部におさまった者も多かった点を捉えて、戦前・戦中からの「悪しき連続性」のゆえに西ドイツ側を非難する場合の有効な武器になった。これは同時に、ソ連を反ファシズムの旗手として歴史学的に実証することで、冷戦期のソ連の政策を擁護する役割を果たすことにもなったと言える。(注48)

結論…今こそ互いの〝負の遺産〟を再整理すべき時

以上紹介してきたように、一九四九年に始まる東西両ドイツの分立状態は、単なる冷戦という米ソ両国間の対立以上の問題を抱えこむことになったと言えよう。それは、第二次世界大戦の敗戦後、戦勝国によって分割占領されたドイツ人自身の過去と現在、そして将来についての選択の表現だったのであり、東西両ドイツでの歴史研究がそのことを最も尖鋭な形で提示していたと言える。それはまた、戦前・戦中のヒトラーに対する西側連合国とソ連の政策、具体的には宥和政策とか独ソ不可侵条約をめぐる戦後の論議とも直結している。だから西ドイツではスターリン支配のソ連を恐るべき独裁国家と断定して、スターリンをヒトラーと同列に置き、その上で独ソ戦争の軍事的失敗の原因をヒトラーによる作戦への干渉のせいだとして、国防軍の責任を逃れさせようとした。そして、独ソ不可侵条約付属秘密議定書による東ヨーロッパ分割や、戦時中のカチンの森事件など、ソ連にとっては絶対的なタブーを正面から取り上げることができた。これはまた冷戦でのアメリカ、イギリスなどの西側諸国にとってもソ連非難の恰好の論題であったから、西ドイツでの特に軍事上の著述はすぐに英訳され、西側世界で元国防軍軍人の立場からするヒトラーと第二次世界大戦像、さらにはソ連と赤軍像が定着することになった。(注49)

これに対して東ドイツ史学では、西ドイツ側の最大の〝弱点〟である戦前からのヒトラーと国防軍との関係、および戦時中の国防軍の戦争犯罪との係わりを、西側全体を攻撃する際の最大の武器とすることができた。そして、第一次世界大戦前からのドイツ軍国主義と帝国主義の西ドイツへの連続性とファシズム帮助という視点から、国防軍も西ドイツ連邦軍もすべてヒトラーの一味徒党、乃至は共犯者として非難することができ、それは当然ソ連擁護とも直結する。(注50)

かくて冷戦時代には、第一次世界大戦から第二次世界大戦までのドイツ現代史、特にヒトラーと国防軍、さらに第二次世界大戦史を研究しようと試みる者は、否応なしに西ドイツ派と東ドイツ派のいずれか二者択一の立場に立つことを迫られることになったのである。

冷戦終結と東西両ドイツの統一、そしてソヴィエト連邦の解体によって、以上挙げたドイツ現代史に関するタブーの封印は解け、立場に関係なく資料と証言を利用することができるようになった。外国人である日本人にとっても、西側世界にいることで知らず知らずのうちに西ドイツ側とアメリカ・イギリス側によって作り上げられた国防軍像、もしくは第二次世界大戦像が定着してしまっている。今こそもう一度、現代史の見直しが必要とされる時期にさしかかっている。

第3章　国防軍免責の原点

――その後の基本線となったニュルンベルク裁判の「将軍供述書」――

問題…なぜ参謀本部は無罪となったのか

第二次世界大戦終結直後の一九四五年十一月から翌年十月初めまで開かれた「ニュルンベルク国際軍事法廷」（International Military Tribunal for Major War Criminals――以下、IMT）では、ナチス・ドイツの戦争犯罪について、その組織（Organization）そのものが訴追の対象とされ、「主要戦犯」（Major War Criminal）として被告となったのは、いずれも訴追された組織の代表者であった。訴追を決定した一九四五年八月の連合国側による「ロンドン宣言」では、旧ドイツ国防軍も戦争犯罪への関与の点で、ゲシュタポやSS同様の犯罪的機構もしくは集団（Group）として訴追され、ニュルンベルク裁判では以下のような起訴状が提出された。

この起訴状で述べられている「参謀本部および国防軍最高司令部（OKW）」は、一九三八年二月から一九四五年五月までの間、ドイツ国防軍とその陸海空軍の中で最高の地位を占める軍人達からなりたっており、この集団の中には以下に挙げる地位にあった個人が含まれる。

海軍総司令官・海戦指揮本部長・陸軍総司令官・陸軍参謀総長・空軍総司令官・OKW総監・OKW国防統帥局長・三軍の各総司令官と同等の野戦軍司令官

以上の機構および国防軍最高統帥部の一員として、以上の人物達は不法な戦争の立案・準備・開始ならびに指揮に格別な程度の責任を有し、……同じく戦争犯罪と人道に対する罪の共同謀議と遂行にも関与したことが判明している。（注1）

さらに一九四五年十一月二十一日、裁判での冒頭陳述において、米首席検察官R・ジャクソン（R. Jackson）は次のように論告した。

我々はドイツ国防軍の最高司令部と参謀本部を犯罪的機構として訴追する。我々は、いかなる国でも職業軍人の任務が戦争計画を起案することであるのは認める。だが、戦争勃発が避けられない場合に対処して戦略上の作戦を構想することと、奸計にみちた策略と陰謀でもって戦争へと持ち込む場合とではおのずから相違がある。我々が立証しようとしているのは、ドイツ参謀本部と国防軍最高司令部の指導者達はまさしくこの点で罪を犯したことである。皆さんの前に国防軍の将兵が立っているわけではない。なぜなら彼らは祖国のために尽くしたからである。それに対して、ここにいる者達は他の被告達とともに、軍を支配して国を戦争へと駆り立てたのだ。政治家達は彼らを軍人として扱うかもしれないが、軍人達は自分等が政治家であることを知っている。我々は、参謀本部と国防軍最高司令部が起訴状で述べられているように、犯罪的集団として判決されることを求める。(注２)

だが、一九四六年九月三十日に国際法廷が下した判決は、次のようなものであった。

当法廷の見解は、参謀本部と国防軍最高司令部のいずれもがロンドン宣言第九条で使用されている意味での「機構」でも「集団」でもなかった、ということである。……提出された証拠によって、三軍の各参謀部内での立案作業、参謀と部隊指揮官との不断の連絡、戦場と指揮所での作戦技能のいずれもが、他のすべての国々の陸海空軍におけるのと同じ目的でなされている。嫌疑をかけられた国防軍最高司令部の行動は、他の諸国軍、たとえば英米合同参謀本部などとは全く同一の組織形態ではないにしても、それと類似のものとして比べることができる。

……このいわゆる犯罪的機構とは統帥の意味であって、それは他の訴追された五つの機構（註：ナチス党・ゲシュタポ・ＳＳ・ＳＤ・ＳＡ）とは鋭く相違するものである。例えば、もし誰かがＳＳの一員であったとして、その者は確たる意識をもってそれに参加したのである。だが参謀本部と国防軍最高司令部の場合、その成員は起訴状にあるものの外にある機構であって、自分がその中で高い地位にあるということ以外に、たとえばここで援用されたような意味での「集団」の一員であるかどうかということは、意識することができない。その者の軍での他の者達との関係は全世界での軍の勤務分野と全く同じものといえる。よって当法廷は参謀本部と国防軍最高司令部を犯罪的機構とは宣告しない。(注３)

かくてニュルンベルク裁判では、他のナチス・ドイツの機構と異なり、旧ドイツ陸軍の軍令機構である参謀本部と、一九三八年二月に発足したヒトラー直属の軍政・軍令機構であるＯＫＷは犯罪的機構に非ず、と宣告された。したがって、全ドイツ国防軍（Das deutsche Wehrmacht）そのものも組織としては無罪ということになる。だがこれはあくまで「組織」としての無罪判決であって、具体的な実戦での指揮官としての不法行為については、一九四七年から開始される「継続裁判」（Nachfolgeprozess）であらためて訴追され、かなりの数の元軍人が有罪判決を受けている。[注4]

この「組織」としては無罪で、その成員の多くは有罪、という結論について、その理由は様々に説明されよう。最も大きな理由としては、連合国側にも存在する軍の統帥機関を犯罪的組織と断定することに無理があったことである。[注5]そのことについては一概に否定できないが、ここで問題とするのは、訴追された参謀本部とＯＫＷという二つの組織の弁護のために、裁判直前に作成されて証拠として提出された「将軍供述書」（Generalsdenkschrift）という文書の成立事情と内容紹介、さらにこの文書へのこれまでの評価を概観することによって、一九五〇年代に西ドイツと西側連合国で成立し受容された「国防軍潔白神話」の形成過程を考えてみたい。なお、本項で取り上げる元ドイツ軍人の階級と職位は、いずれも旧国防軍（Wehrmacht）でのものであり、特にことわりがない場合すべて旧陸軍である。

一　「将軍供述書」成立の背景―元軍人を利用したい米軍情報部―

ここで取り上げる「将軍供述書」とは、正確には「ドイツ陸軍：１９２０―１９４５年」（Das Deutsche Heer von 1920-1945）という題の文書で、ニュルンベルク裁判に被告側の弁護資料として提出された。そして証拠ＰＳ―３７９８として登録されているが、実際に裁判で使用された形跡[注6]はなく、一九四八年に連合国側が公表したニュルンベルク裁判資料集にも名称が記載されているだけであって、完全な本文が発表されるのは一九七八年、後述するジークフリート・ヴェストファル（Siegfried Westphal　上級大将・西部総軍参謀長）の回顧録『被告席のドイツ参謀本部・ニュルンベルク一九四五―一九四八年』（Der Deutsche Generalstab auf der Anklagehank-Nürnberg 1945-1948）においてである。[注7]

おそらく公表が戦後ずっと経ってからという事情のため

であろうが、「将軍供述書」成立事情についてのくわしい調査と考察は、一九八二年のゲオルク・マイヤー（Georg Meyer）によるものが最初であり、(注８)さらにその歴史的意義を取り上げて問題にしたのは、一九九五年のマンフレート・メッサーシュミット（Manfred Messerschmidt）が初めてである。(注９)

本節ではまずこの文書の成立をめぐる状況を概観し、そこに現れた問題点の考察を行う。この「将軍供述書」成立にあたって欠かせない存在は、ＩＭＴ開廷以前に、大統領トルーマン（Harry S. Truman）からアメリカ側次席検察官に任命されていた「戦略事務局」（Office of Strategic Service OSS）局長ウィリアム・ドノヴァン（William Donovan）である。

ドノヴァンは検察官という立場にもかかわらず、「参謀本部およびＯＫＷ」が犯罪的組織として訴追されること自体に反対だった。(注10)そして裁判開始直前の一九四五年十一月に、証人として予定されていた元ドイツ軍将校エヴァルト・ハインリッヒ・フォン・クライスト（Ewald=Heinrich von Kleist）、ファビアン・フォン・シュラーブレンドルフ（Fabian von Schlabrendorff）、ルードヴィッヒ・フライヘル・フォン・ハンマーシュタイン＝エクヴォルト（Ludwig Freiherr von Hammerstein = Equold）に向かって、こう言明している。このドノヴァンから質問を受けた三人はいずれも戦時中、一九四四年七月二十日のヒトラー爆殺未遂事件に連座

対ソ連対策のために元ドイツ軍人を無罪とし、味方につけようとしたウィリアム・ドノバン（生没1883～1959年）。第二次世界大戦中は戦略諜報局（OSS）のトップとして活躍し、〝アメリカ情報機関の父〟とも呼ばれる。写真はOSS長官だった1945年当時のもの。

して逮捕されたが、終戦直前にアメリカ軍によって解放された軍部内の反ヒトラー抵抗派に属していた。

参謀本部は犯罪的組織として宣告されるにちがいない。私はそれは誤りだと思う。そこで貴官達に二つ質問する。第一に、諸君は私の見方に賛成かどうか？　もしそうなら第二に、諸君はそうなる（註：参謀本部への有罪宣告）のを阻止するために私を助けるつもりがあるかどうか。(注11)

しかしさらに別の証言によると、ドノヴァンはゲーリングさえも将来のアメリカ軍のために救おうと考えていたと言われる。(注12)さらにドノヴァンは、戦前からニューヨークでの弁護士業務を通じて懇意の関係にあったドイツ側弁護人パウル・レーフェルキューン（Paul Leverkuehn）を通じて、裁判での証人として当時ニュルンベルクに拘留されていたヴァルター・フォン・ブラウヒッチュ（元帥・陸軍総司令官）に、以下のような内意を伝えた。

ヴェルサイユ条約の調印から一九四五年の我が国（註：ドイツのこと）の敗戦までの時期の陸軍の歴史について、できるだけ具体的で簡潔な叙述をすみやかにドイツ人の側で行うように。(注13)

これを受けたブラウヒッチュは、ニュルンベルクに拘留されていた元軍人達に執筆を依頼した。執筆を担当したのは、エリッヒ・フォン・マンシュタイン（元帥・軍集団司令官）、フランツ・ハルダー（上級大将・参謀総長）、ヴァルター・ヴァルリモント（大将・OKW国防統帥局次長）、ジークフリート・ヴェストファルの四人である。(注14)

このうち特にヴァルリモントは、すでに裁判開始のずっと前からドノヴァンと親密になっていて、拘留中に「ドイツ参謀本部と国民社会主義」（一九四五年七月）や「総統大本営」（同八月）、「ドイツ参謀本部」（同十月）などの短文を書いてドノヴァンに提出していた。そしてヴァルリモントは、一九四五年十月十七日にドノヴァンに対して、「おそらくハルダー大将の指導のもとに将軍達の小さなグループを作り、取り上げられるであろう時期の同様の趣旨のすべての問題について編集してはどうか。というのは、彼は似たような諸問題について集中的に取り組んできて知識ももっており、様々な観点からの考察ができるからである。このグループの任務は、その中から貴官が選んだ人物が証言する際の内容をまとめて、それを法廷で読み上げることができるようにするため」、(注15)との提言を行っている。

1948年、ニュルンベルク継続裁判の一つ、国防軍最高司令部裁判にて検察側証人として証言しているフランツ・ハルダー（生没1884～1972年）。ドイツ軍の中核にいた人物であったが、反ヒトラー派の代表格として戦後は連合軍から厚遇された。

　このようにドノヴァンは、ニュルンベルク裁判が始まる前から旧ドイツ軍関係者の無罪をかちとろうと画策していたわけであり、これは到底アメリカ側に受け入れられるわけもなく、裁判開始直前の十一月にドノヴァンは首席検察官ロバート・ジャクソン（Robert Jackson）から罷免されてしまう。したがって一九四五年の時点では、アメリカ側はあくまで旧ナチス・ドイツ指導層の一員としての元国防軍軍人の訴追を第一の建前と考えていたことは確かである。[注16]しかし同時に、このようなドノヴァンの独断行為に見られるように、戦後の情勢をにらんで元ドイツ軍人を味方につけようとのアメリカ側の本音も垣間見ることができる。そしてドイツ人の側でも、このようなアメリカ軍側の好意的な態度にできるだけ応えることこそ、無罪をかちとるための唯一の方法と考えられた、と言える。

　こうしてニュルンベルク裁判開廷直前に「将軍供述書」は作成された。

二　「将軍供述書」の内容

　次に、実際に作成された「将軍供述書」の内容を紹介する。前述したように正式の題名は「ドイツ陸軍：1920－1945年」であり、一三四頁の原稿で、ブラウヒッチュ以下五人がそれぞれの項目の執筆を分担し、マンシュタインがタイプライターで清書し、以下の五人が署名した。日付はニ

ュルンベルク裁判開始前日の一九四五年十一月十九日となっている。(注17)

内容は、序言（ブラウヒッチュ）、A.「一九二〇―三三年までの国軍」（マンシュタイン、ヴェストファル）、B.「一九三三年一月から一九三八年三月三十一日までの時期」（マンシュタイン、ヴェストファル）、C.「一九三八年春から一九四二年秋までの時期」（ブラウヒッチュ、ハルダー）、D.「一九四二年秋から一九四四年春までの戦況」（マンシュタイン、ヴェストファル）、E.「戦争最終年」（マンシュタイン、ヴェストファル）、F.「陸軍総司令部と一九四二年以後の政治・軍事上の決定」（マンシュタイン、ヴェストファル）となっている。そしてヴァルリモントは各章のOKWに関する部分について執筆した。無論あくまでニュルンベルク拘置中のため、すべて各自の記憶に基づいたものである。各章の梗概を記すと以下のようである。(注18)

A.「一九二〇―三三年までの国軍」

ヴェルサイユ条約の制限の中で新たに編成されたドイツ国軍（Reichswehr）の規模と内容について。解散を命じられた旧参謀本部は国軍省内の「隊務局」という一部局に限定され、かつてのような独立した軍事機構ではなくなったこと。そして命令系統は議会に責任をもつ文民の国軍大臣の下で、軍人の統帥部長官は純粋に軍務上の職責しか権限がなく、政務的な案件は大臣官房に属していたこと。

国軍を実質的に作り上げたゼークト（Hans von Seekt）の政策により、軍人には選挙権がなく、そのため政党政治には無関心で政治的な野心もなかったこと。そして、このような軍人の姿勢は第二次世界大戦の最後まで軍人達に広く行き渡っていたこと。一九三〇年のウルム砲兵連隊の事件なども、ナチス側の極端な宣伝であって、あくまで当時の連隊長ベックは軍の政治不関与の立場であり、非政治性はブロンベルク（Werner von Blomberg　元帥・国防相）もフリッチュ（Werner von Fritsch　上級大将・陸軍総司令官）も同様で、親ナチス的なライヒェナウ（Walther von Reichenau）はむしろ国軍では例外的存在だったこと。対ポーランド戦準備はしていたが、その場合でも予備兵力は一五万人にすぎず、主力は民兵で装備も軽砲と機関銃、小銃だけで、「闇国軍」（Die Schwarze Reichswehr）も一九二三年には解散させられ、かくてヴァイマル共和国は周囲のどの国よりも弱体な軍備しか保有していなかったこと。

B.「一九三三年一月から一九三八年三月三十一日までの時期」

①一九三三―三八年までの外交と陸軍。ヒトラーによる国際連盟脱退は、軍にとっては国際的な孤立化を意味した。一九三四年の独波不可侵条約で東部国境の安全は確保されたが、軍はむしろ赤軍との協力を高く評価していたので、ヒトラーの反ソ政策には反対だった。そして一九三五年のヒトラーによる再軍備宣言を歓迎したが、その内容についてはー切事前に知らされず、それは一九三六年のラインラント進駐の時も同様だった。英独海軍協定を軍は歓迎。一九三八年のオーストリア併合について、軍の側で何の準備もなく、参謀本部はチューリンゲン地方に参謀旅行中だった。またスペイン内戦にも軍はほとんど関与していない。

②一九三三―三八年までの国家・総統・党と陸軍との関係。軍がヒトラーの権力奪取に手を貸したことはなく、またレーム（Ernst Julius Röhm）一派の粛清も軍には全く唐突なことだった。軍は決して親ユダヤというわけではないが、さりとてユリウス・シュトライヒャー（Julius Streicher）のような反ユダヤ主義でもなく、決してユダヤ人迫害などしておらず、一九三八年十一月九日に起こった「水晶の夜」も、軍としてはあってはならぬことであり、非アーリア系軍人や前大戦で従軍したユダヤ系の将兵を救おうとさえしたが、ナチス党からの妨害にあってなかなかうまくいかなかったこと。

一九三六年に徴兵制が導入されたが、こちらから他国に戦争を仕掛ければ必ず二正面戦争になるとして、あくまで一九四二年までは国境防衛だけを主張したが、それがナチス党からは腰抜けと非難された。国境の要塞線も、ベルリン防衛のために東部は完成していたが、西部は一九四五年に完成の見込みだった。軍の訓練も下士官の不足と、多数の士官が空軍に取られたため思うにまかせず。復活した陸軍参謀本部も権限の内容は純軍事分野に限られ、総長のベックがヒトラーと会ったのは二回だけであったこと。一九三五年の再軍備宣言以前には軍にはどの国に対する開進計画もなく、また一九三七―三八年の段階ではチェコとフランスを同時に敵にするのは無理、との判断を下していたこと。一九三八年二月のフリッチュ危機の時、なぜ将軍達が立ち上がらなかったかと言えば、当時のヒトラーの国内での人気に勝てず、そのためフリッチュも敢えて抵抗しなかったこと。

C.「一九三八年春から一九四二年秋までの時期」

①一九三八年春から対ポーランド危機まで。フリッチュの退任後、ヒトラーが新たに全軍に対する指揮権を握り、そのために「国防軍最高司令部」（ＯＫＷ）を作り、その総監にヴィルヘルム・カイテルが任じられ、さらにその弟であるボーデヴィン・カイテル（Wilhelm Bodewin Johann Gustav Kaitel）が陸軍人事局長に任じられて、陸軍に対するヒトラーの統制が強まったこと、ＯＫＷと「陸軍総司令部」（ＯＫＨ）という二本立ての統帥機構の出現によって、陸軍参謀本部はますますその権限を狭められたこと。そしてＯＫＷの中心的存在だった以下の職にあった軍人達が、軍事的にヒトラーの取り巻きと言える（註：ここでは特に氏名は挙げず、ただ職名だけが挙げられている）。ＯＫＷ総監、ＯＫＷ国防軍統帥局長、国防軍総務局長、総統付副官長、ＯＫＷ陸軍局長、総統委任戦史編纂官。

フリッチュ退任後、ブラウヒッチュが陸軍総司令官になり、ハルダーが参謀総長になったが、すでにこの時、一八一三年以来の伝統だった指揮官と参謀長の共同責任の原則が廃止されて、指揮官による単独責任の原則が導入され、プロイセン参謀本部の伝統は崩されていったこと。

②対ポーランド危機・対ポーランド戦。ポーランド問題でもヒトラーが陸軍側に政治の話をしたことはほとんどなく、一九三九年四月にヒトラーからブラウヒッチュに対して、たとえ対ポーランド戦争となっても決して欧州大戦に拡大しない、との確約があり、それは同年八月二十二日の言明でも再確認されたこと。対ポーランド戦に動員されたのは歩兵四一個師団と自動車化一四個師団で、西方防衛にはわずかに歩兵五個師団しかなかったこと。実際の対ポーランド作戦では、ワルシャワの即時攻略をめぐってヒトラーとブラウヒッチュが深刻な意見対立をきたしたこと。ソ連のポーランド東部への介入は、陸軍にとっては寝耳に水の出来事であったこと。

③対ポーランド戦終結後から対西方戦開始まで。対ポーランド戦が終結するとすぐにヒトラーは、一九三九年九月末にブラウヒッチュとハルダーに対して、西方でこれ以上待つことはできぬ、年内の十一月にも攻勢をかけると主張したが、陸軍側は西方ではむしろ守勢をとる考えであり、オランダ攻撃は十月になってから、それも主として防空上の考慮から決まったこと。だが何回も発令

と撤回が繰り返されたこと。対スカンジナヴィア作戦は、そもそもヒトラーの発意であり、作戦ももっぱらＯＫＷの担当であって、陸軍側はほとんど関与しなかったこと。ここで最初のＯＫＷによる作戦担当が始まり、やがてそれはアフリカ、フィンランド、西方、南方（註：イタリア）、南東部（註：バルカンとエーゲ海）にまで拡大したこと。そのねらいは、ヒトラーができるだけ陸軍側の影響力を作戦立案と指導から排除するためであったこと。

④対西方戦。一九四〇年の対西方戦では、絶えざるヒトラーからの作戦介入との戦いであったこと。特に最悪なのはダンケルク前面での機甲部隊の停止命令であり、これ以後ヒトラーはますます陸軍側の頭越しに、信任するＯＫＷの将校を通じて指揮するようになったこと。対英戦や北フランスのドイツへの編入などは、すべてヒトラーの発意であったこと。そして陸軍側はフランスの経済的搾取に反対で、むしろ住民の支持を得たかったこと。さらにＳＳを軍事上の件にまで組織拡大させることとは、陸軍の望むところではなかったこと。

⑤対ソ戦準備とバルカン作戦。ヒトラーの対ソ戦決意はすでに一九四〇年七月のことらしく、最初はＯＫＷのアルフレート・ヨードル等にその意を伝えたこと。そして陸軍側がヒトラーの対ソ攻撃の詳細を知らされたのは、一九四〇年十二月の総統官邸での会議の席上で、対ソ戦準備を一九四一年五月までに完了すべし、と。無論陸軍側はそれによって四番目の正面をもつことになるため歓迎しなかったし、事実ドイツにはもう余力がなかったこと。他方、ソ連の師団数は増加して、一九四一年五月には最低一六〇個師団が国境でドイツ側と対峙しているとの情報が寄せられていたこと。陸軍側の対ソ作戦案は一九四一年二月三日、ヒトラーに提出されたが、この日の会議でヒトラーは、国民に憎まれているボルシェヴィキ体制は緒戦の敗北によって崩壊する、と言明し、ソ連機甲兵器も旧式だと言ったこと。

陸軍側の対ソ作戦計画は第一目標、すなわちドニェプル河下流―スモレンスク東方―レニングラードを結ぶ線までの到達までしか立案しておらず、モスクワの意義についてはヒトラーから確たる返答は得られなかったこと。おそらくヒトラーにとってはモスクワより、レニングラードとウクライナの方が重要であったようであること。

対ソ作戦協力の点で、フィンランドとルーマニアとの協議は全く陸軍側の与《あずか》り知らぬことであったこと。また北アフリカへの戦線の拡大により、兵力、特に機甲部隊を副次的戦場に転出せざるを得なくなる結果をもたらしたこと。

イタリアによるギリシャ侵入は、ヒトラーにとってもOKWにとっても寝耳に水であった。一九四一年三月、ヒトラーは三軍の高級幹部に対ソ戦の政治的意図を説明し、イギリスと内密の合意があるに相違なく、ロシア（註：原文ではソ連という表現はない）はイギリスの大陸での最後の剣としたこと。さらにヒトラーは、対ソ戦は世界観的人種戦争であって決して騎士道的にふるまう必要はなく、呵責ない苛烈さでもって戦うべし、特に赤軍の政治委員（コミッサール）を軍人と見なしてはならず、彼らを国民社会主義と対決する世界観の持ち主と見なさざるを得ないのだから、コミッサールは捕虜とせずに即座に射殺すべきこと。この「コミッサール命令」は口頭でヒトラーからOKW総監に伝えられ、それから総監名で文書化されて下達され、したがって陸軍側はこの命令には関与していないこと。OKHが発した指令は、規律の厳守に関するものだけであって、決して陸軍側がヒトラーの指令を実行したわけではないこと。

⑥対ソ戦（一九四一年十二月まで）。対ソ開戦直前の一九四一年六月十四日にヒトラーと前線の司令官予定者との会議がもたれ、席上、軍人達は一二〇個師団という限られた兵力に不安を表明したが、ヒトラーは対ソ戦の年内決着に楽観的だったこと。開戦後、戦術次元にまでヒトラーが細かく干渉してくるようになり、特にキエフ会戦をめぐって陸軍側との対立は最高潮に達し、陸軍側はモスクワ直撃を主張したが、結局ヒトラーの南転命令に押し切られてしまい、ここで時間の消費をしてしまったこと。その結果はモスクワ攻撃命令が遅きに失し、しかも異常に厳しい冬が例年より早く到来したこと。さらにキエフ攻略後、ヒトラーは軍需工業のために四〇個師団分を復員させたため、冬季戦の兵力に重大な不足をきたす結果になったこと。

陸軍側は「コミッサール命令」には強く抵抗し、またこれまでの戦闘では捕虜の後方への輸送は陸軍の役目だったが、対ソ戦ではすべてOKWの管轄となったこと。一九四二年初めのソ連側による反攻以後、ハルダーは守勢を主張したが、ヒトラーは新年度もやはり攻勢を主張し、結局ソ連側の思惑通りにドイツ軍はヴォルガとカフカース方面に進出せざるを得なくなり、兵力の分散をきたしたこと。そして九月にはもはやヒトラーとの協同は無理となり、ハルダーは参謀総長を辞任する羽目になったこと。

D．「一九四二年秋から一九四四年春までの戦況」

①戦争指導への軍人の影響力の排除。一九四一年十二月からブラウヒッチュに代わってヒトラーが自ら陸軍総司令官に就任し、特にスターリングラード戦では寸土も死守せよとの原則にこだわって陸軍の指揮を執ったこと。ヒトラーは兵器の開発には熱心であったが、それが逆に本当に前線で必要とされる武器の供給を阻害する結果になったこと。さらにヒトラーの陸軍への個人的影響力の強化にあたって、総統副官長シュムント(Rudolf Schmundt) が大きな役割を演じたこと。そして特に一九四三年からは陸軍の中にソ連式の政治将校を配属させて、指揮官と参謀を監視するようになり、これが二重統帥の弊害を生むことになった。

ハルダーの後任の参謀総長ツァイツラーは、ほとんど作戦についての実権がなかったこと。そしてＯＫＨは東部戦線以外は全く関与しなくなり、それ以外の方面はすべてＯＫＷの担当、特にヨードルが中心になったこと。また予備軍もＯＫＷの管轄になったため、陸軍側は兵力補充の権限さえ失ったこと。各軍司令官は自分の担当の戦域の知識しか与えられず、戦局全体のことも皆目知らされなかったため、何の有効な建言もできず、それどころか細かい指揮をめぐって絶えざるヒトラーとの論議に消耗したこと。スターリングラード戦の最大の敗因は、ゲーリングの空輸による第六軍の越冬が可能だとの意見にヒトラーが同調して、現位置死守にこだわったためであり、この原則へのこだわりは、その後のクリミア戦での敗北にも引き継がれる。北アフリカでの敗北も、ヒトラーが海空での連合軍の優勢を認めようとしなかったためであること。

②陸軍の発展（一九四二―四四年）。ドイツ陸軍はすでに一九四一年の冬には兵力不足をきたしており、特に将校の損耗が大きく、敵の物量面での優位もはっきりしていたのに、ヒトラーには信じてもらえなかったこと。武装ＳＳの部隊は、陸軍よりはるかに良好な武器と新兵の補充があった。そして武装ＳＳは、戦闘の場合だけ陸軍に下属し、それ以外はほとんどヒムラー（Heinrich Luitpold Himmler）の指揮下にあったが、ヒムラーの思想は陸軍とは対立するものだったこと。空軍の地上部隊はいつも良好な補充を受け、陸軍に新兵を回そうとの提案もゲーリングの反対で実現しなかったこと。

ヒトラーによる軍人への懲罰のうち、陸軍に対するものが飛び抜けて多く、空軍は一九四四年秋まで罷免された元帥と上級大将は一人もなかったし、海軍でもレーダー（Erich Johann Albert Raeder）からデーニッツへの交代があっただけであること。

③占領地行政。対パルチザンならびに山賊戦はハーグ陸戦規定に該当するものではないこと。しかし次第に敵のパルチザンは統一的な指揮のもとにあるのが判明し、捕えた者は捕虜として後方に送致したが、南東部（註：バルカンとギリシャ）での相手は明らかに山賊であったし、フランス、イタリア両国の「マキ」もやはり山賊であって、それでドイツ側は止むを得ず過酷な措置をとったこと。だが一九四三年からは、対山賊戦はＳＳの担当になったこと。また対パルチザン戦では、陸軍は防戦一方であり、そのため過酷な措置をとらざるを得なかったこと。

占領地での人質指令はヒトラーが発したもので、軍は拒否したがヒトラーに強要され、止むを得ず各地の司令官達は、通常の軍法会議で死刑を宣告された者だけを人質として処刑したこと。またＳＳと警察部隊は、ヒムラーに下属していたのであって、軍は無関係であること。イギリス軍の「コマンド部隊」処刑の命令は、ヒトラーが強要したものであり、軍や司法当局の反論は無視されたこと。アフリカとイタリアでは、この指令は現地指揮官によって無視されたが、たとえばアフリカで捕虜になったイギリスのアレクサンダー（Harold Alexander）元帥の甥は捕まった時、ドイツ軍の軍服姿だったこと。

占領地の破壊は、撤退に際してまずカフカースの油田で実施された。さらにドニェプル河西岸への撤退の時、ソ連側に使わせないためにヒトラーから破壊命令が出され、かつ兵役適格者もソ連側に使われる可能性があるため、ドイツ軍の撤退とともに連行したこと。また西欧での破壊はＯＫＷからの指令による。外国人労働者の件は軍の関係事項ではなく、ユダヤ人狩りはあくまでヒムラーからの命令で、軍の権限外のことで全く関知しないこと。在外ドイツ人の移住もヒムラーの担当であって軍は無関係であること。

E．「戦争最終年」

陸軍は、ルーマニアの寝返りを警告したのに、ヒトラーは聞く耳もたなかったこと。東部戦線崩壊の原因は、ヒトラーによる現位置死守命令にあり、いかなる警告も無視されたことにある。ノルウェーやデンマーク、地中海の島などに無用の兵力を残置するような過ちもあった。だが何といってもドイツ側の敗因は、連合軍の制空権と圧倒的な人的・物的優勢にあったこと。西部総軍でもルントシュテット（元帥）には何の裁量権もなく、常にヒトラーの介入があったこと。ドイツが正式に降伏するまでは、己の義務を果たす以外に軍人にとって選択の余地はなかったし、それが運命であったこと。結局、武器を捨てるのは軍人のすることではない。

F．「陸軍総司令部と一九四二年以後の政治・軍事上の決定」

北アフリカについては、何度も陸軍側からヒトラーに敵軍上陸の可能性を警告し、ロンメルからも早急に手放すべきだとする意見が出されていたが、ヒトラーはこの方面はムッソリーニの扱いだ、として耳を貸そうとしなかったこと。バルカンの同盟諸国の寝返りは全く予見できず。また日本の対ソ参戦を期待していたこと。ただし日本陸軍との関係は、それ以外の友好国と同程度のものであったこと。

一九三三年までの陸軍はゼークトの作った線でまとまっており、かつ、敵に対する騎士道的態度と非政治的態度は軍の良き伝統であったのに、ヒトラー時代になると、下士官・兵にナチス的思想が広まり、旧派の将校と思想的に断絶するようになったこと。そしてとどのつまり、一九四一年十二月にブラウヒッチュに代わって陸軍総司令官になったヒトラーがハルダーに言った言葉、「最高指揮官の第一の任務は、陸軍を国民社会主義へと教育することである。この任務を任せられる軍人を自分は他に知らないし、また将軍達にできるとも思えないので、私は自分で陸軍の最高指揮をとることに決めた」。

そして一九四〇年の文書化された指令によって、指揮官は自分の担当任務以外のことを知らなくてもよい、とされ、これに逆らったと見なされた多くの将軍が罷免されたり、強制収容所送りにさえなったこと。そして多くの軍人が戦争の成り行きについて憂慮していたが、意見具申は異議申し立てと見なされ、即座の罷免や解任につながったこと。そして救国のためにヒトラー暗殺を考えるようになった者もいたが、多くの軍人はキリスト教的倫理で教育されたため、大元帥への宣誓を破ることなど到底無理であったこと。

また国民のヒトラーへの信頼感が強く、たとえヒトラーの排除はできても、それで民主的政体が生まれる保障はなく、また軍全体が反ヒトラーだったわけではなく、さらにＳＳの存在を考えると、軍による反ヒトラーのクーデターは内戦になる恐れがあったこと。結局、陸軍は前大戦以来、政治からは遠ざかっているよう教育されてきた、ということ。

三 「将軍供述書」の本当の問題点—同盟を組んだ元参謀将校達—

以上、「将軍供述書」のあらましを紹介した。この「将軍供述書」の論調について、今日的視点から「まるで教師の非難をかわそうとする生徒のような態度」(注19)であるとか、「前進的弁護」(注20)と評するのは簡単である。またこの「将軍供述書」からさらに一歩進んで、戦後の西ドイツでの国防軍擁護、ひいては国防軍潔白神話の成立の原点と見ることもできよう。(注21)だがこれはあくまでもこれからニュルンベルク裁判が始まろうとする段階での、拘留されていた元ドイツ軍人達による弁護資料として作成されたことに留意しなければならない。だから、全編にわたって旧陸軍、特に参謀本部擁護の論調で貫かれているのは止むを得ないところである。

だが実はこの文書の成立と内容については、これ以外にもっと問題にされるべき点があり、それについてはまだ今日まで満足な解答が出されていない。以下、その諸点について考えてみる。

第一の問題として、なぜ「ヒトラーに盲従したOKW関係者」の中に、カイテルとヨードルに次ぐOKWの№3だったヴァルリモントが含まれておらず、それどころか彼はこの「将軍供述書」の執筆を分担さえしたのか、という点である。「将軍供述書」の中で職名のみ挙げられているヒトラーの取り巻きとされたのは、具体的に以下の軍人達である。

OKW総監ヴィルヘルム・カイテル（主要戦犯としてニュルンベルク裁判で訴追、死刑）
OKW国防軍統帥局長アルフレート・ヨードル（主要戦犯としてニュルンベルク裁判で訴追、死刑）
OKW総務局長ヘルマン・ライネッケ（のちに継続裁判で訴追、終身刑）
OKW陸軍局長ヴァルター・ブーレ（一九四四年七月二十日事件での傷で死亡）
総統付副官長ルドルフ・シュムント（一九四四年七月二十日事件で死亡）
同ヴィルヘルム・ブルクドルフ（一九四五年五月自決）
OKW戦史課長ヴァルター・シェルフ（一九四五年五月自決）

　このように、同じ軍人達から「ヒトラー盲従」のゆえに非難されているのは、ライネッケを除くといずれもこの時点で訴追されているか、あるいはすでに死亡している者ばかりである(注22)。すると、旧軍人、しかも同じＯＫＷの中でも対立があり、それが敗戦直後の国防軍弁護の段階で端なくも露呈したことになる。すなわち、連合国側による訴追が「参謀本部およびＯＫＷ」となっているのに、主要戦犯として訴追されているのはいずれもＯＫＷの関係者であることを捉えて、責任をすべてＯＫＷにのみ着せようとする意図と見ることができる。それと並んで、同じＯＫＷの中で国防軍統帥局次長だったヴァルリモントだけが、「ヒトラー盲従グループ」から逃れようとしている意図も明らかである。ここで、前節で述べたヴァルリモントのドノヴァンへの提言の意味がはっきりしてくる。ヴァルリモントとドノヴァンの接触がどのようにして生じたかは不明で、微細なことながら今後の調査の課題とせざるを得ない(注23)。

　だがここで明らかに、ニュルンベルク裁判での最も重要な訴因の一つである、対ソ戦での「コミッサール命令」の発令と伝達の責任をカイテルとヨードルに着せようとしていたということが言えよう。そのためにライバル関係にあったはずのＯＫＷのヴァルリモントと陸軍側とが、ドノヴァンからの委託を好機として一種の「同盟」を結び、その結果として両者の合作としてこの「将軍供述書」が執筆されたと見てよいのではあるまいか。あるいは極端に言って、ヴァルリモントによる一種の「裏切り」とも解することができよう。

　というのも、ここにヒトラーの取り巻きとして挙げられたＯＫＷ関係者に対する反感の強さは、たとえば、一九四六年五月十日に五六歳の誕生日を迎えたヨードルのために、「将軍供述書」の執筆に携わった元軍人たちが祝福の寄せ書きとわずかなタバコを誕生祝いに送った時も、ひとりハルダーだけは寄せ書きへの署名を拒否したということでも明らかである(注24)。また、ハルダーのもとで参謀本部戦史課長を務め、戦後は軍事史家として活動したヴァルデマール・エルフルトは、著書『ドイツ参謀本部：一九一八―一九四五年』の中で、上述の「総統委任戦史編纂官」ヴァルター・シェルフについて次のように酷評している。ハルダーは戦後も特別な回顧録を発表しなかったから、いわばエルフルトはその代弁者と見なすことができよう。

> 　大戦初期の二年間の電撃戦の時から党のプロパガンダは、ヒトラーのことを「史上最高の将帥」と称賛するようになり、公刊の戦史叙述も参謀本部の冷静な客観性をヒトラーが将帥としての栄誉を実現する上での障害とみなし

た。後世に自分の誇大妄想を伝えさせようとして、ヒトラーは「総統委任戦史編纂官」にまじめな良心的な歴史家ではなく、ラッパを吹き鳴らすだけの騒々しい宣伝家を任命した。ヨードルとシュムントはその適任者としてシェルフを推薦したが、彼は有能ではあるが神経の弱い人物であり、ヒトラーという精神病質者を神格化しようとした。そして参謀本部のあらゆる学術組織がシェルフに従属させられ、この災いに満ちた（unheilvoll）人物はあっという間に自分の職務分野からいかなる学問的良心も駆逐してしまい、国の内外で極めて声望のあった『軍事科学評論』（Militärwissenschaftliche Rundschau）誌を、吐き気を催すような宣伝文書へと変質させてしまった。彼が如何に暗黒の諸力を叙述することによって、どんな損害を与えてしまったかに気づくのは遅すぎたが、それでも一九四五年春に自ら毒によって一命を終えた。(注25)

ヴァルリモントは戦後も一九七六年まで健在で、その間に浩瀚《こうかん》な回顧録『総統大本営の内幕』（Im Hauptquartier der deutschen Wehrmacht 1939-1945）を発表し、やはり軍事史家として活動した。してみると、終戦直後の段階でのヴァルリモントのすばやい「転身ぶり」にはまだ追跡されるべき部分が残されていると言えよう。

第二の問題として、戦前・戦中のドイツ陸軍内部でやはりライバル関係にあったマンシュタインとハルダーが、なぜここで協同したかという点がある。「将軍供述書」の執筆を分担した元軍人達は、旧軍時代には決して友好的な関係とか、同じ人脈に属していたわけではなく、むしろかなり対立的な関係にあったことが今日明らかになっている。特にマンシュタインは、参謀将校ではあるが一九四〇年の対西方作戦案をめぐってハルダーと対立し、結局マンシュタインは対西方戦が始まる前に東方の軍団長へ体よく棚上げ式に左遷され、対西方戦には参加できなかった。戦後になって発表した有名な回顧録『失われた勝利』（Die Verlorene Sieg）でも、マンシュタインはあえて個人名は出さないが総長ハルダーの忌避にふれたことをほのめかしているし、(注26)エルフルトもこの点はほのめかしだけに止めている。(注27)

すると「将軍供述書」作成時のマンシュタインとハルダーの「同盟」は、まず「参謀本部およびＯＫＷ」という連合国側による訴追案件そのものに反駁《はんばく》して、旧ドイツ参謀本部が実際には決して連合国側が考えているような組織でなかったことを立証するため、そして何はともあれ、「ドイツ参謀本部」という組織のもつ歴史的かつ世界的な名声を救うため、戦前・戦中の派閥的・人脈的な行きがかりをとりあえず棚上げにして、弁護資料の作成に全力をそそいだ、ということができる。それはまたドノヴァンからの内意ということで、連合国側にも旧ドイツ軍に対して好意的な見方をする部分があり、それをドイツ側は一種の「突破口」と見なし、ここに一縷の望みを託した、とも言えるのではないか。(注28)

この「将軍供述書」を執筆したのち、後述するようにハルダーとマンシュタインは対照的な経歴をたどる。ハルダーは、その後もアメリカ軍に協力してアメリカ軍のための公刊戦史編纂事業の中心人物になる。したがって、戦犯として、あるいは「非ナチス化裁判」で訴追されることはなかった。これに対してマンシュタインは、一九四九年になって改めて戦犯としてイギリス軍による裁判で訴追され、禁固一八年の判決を受け、身柄はドイツ国内の監獄に収監される。だが一九五二年に恩赦によって出所し、すぐに有名な回顧録を発表し、また西ドイツ再軍備についての多くの論説を発表して、言論界で活動する。二人とも一九七〇年代初めまで健在だった。

最後に、では本当に「将軍供述書」が、のちの国防軍潔白神話生成の原点となったのかどうか。冒頭で触れたように、ニュルンベルク裁判ではドイツ参謀本部の組織としての無罪判決をかちとることができた。しかしその後の「継続裁判」では、この「将軍供述書」執筆者達も含めて多数の元軍人が、そのかつての人脈や派閥に関係なく訴追され、多くは有罪の判決を受けている。(注29)したがって我が身の潔白を立証するという点では、この「将軍供述書」はあまり意味がなかったと言える。

だが、ヴァルリモントのドノヴァンへの提言から、アメリカ軍では元ドイツ軍の参謀将校を集めて戦史記述に従事させる企画が生まれ、それは一九四六年から正式に「ＯＨＰ」が発足し、ハルダーがアメリカ軍から委託されて叙述の最高責任者となる。(注30)その過程でドイツ人捕虜の間でこの「将軍供述書」の写しが回覧されたと言われ、彼らによるアメリカ軍への戦史報告のガイドラインの一つになったと言われる。(注31)

だが「将軍供述書」の影響を考える時、より大きな意義は、おそらく一九五〇年以降に活発になった元ドイツ軍人達による回顧録や戦史記述の公刊にあたって、その著述基本線となったであろうことである。それは、今日までに公けにされている多数の元ドイツ軍人による回顧録や大戦史叙述の内容が、ほとんどこの「将軍供述書」の線からはずれていないことでも明らかである。そこでは訴追された戦争犯罪に対する弁明と「騎士道的なドイツ国防軍」像、さらには軍事的有能さと敗戦へのヒトラーの単独責任がほぼ共通して縷説されている。(注32)

したがって、多くの関係者が物故した一九七八年に「もうこのあたりで」ということで、ヴェストファルが本文を公表したということができよう。ヴェストファルは、その著書を旧国防軍の免責を認めた一九五二年十二月三日の首相アデナウアーの議会演説でしめくくっている。だからヴェストファルにしてみれば、「将軍供述書」こそまさしく国防軍免責と潔白証明の原点だったと誇っていると言えよう。(注33)

だが「将軍供述書」の成立とその内容について概観してわかるように、これはあくまで戦犯裁判のための弁護資料として作成されたわけだから、ヒトラーと第二次世界大戦に対する国防軍の本当の係わり方について、史実に徴《ちょう》して見れば問題だらけの自己弁護に終始しているのは止むを得ないところではないだろうか。また、たとえこれが戦後の旧軍人達による大戦史叙述の基本線になったとしても、元々それを目的として作成されたわけではない。そのためヴェストファルの自慢も、あるいは今日の研究者達による批判もともに、結果からの原因の判断という弊におちいっていると言えないだろうか。むしろこれからの課題として、ドイツの終戦前後の混乱した状況の中で、元軍人達の間にどんな生き残り劇が演じられたのか、そして、アメリカ軍側がそれにどのような係わりを示したかが改めて探究されるべきであると考える。(注34)

第4章　消極的だったイギリスの戦犯訴追

――マンシュタイン裁判をめぐる問題――

問題…遅れに遅れた裁判の開始

第二次世界大戦中のドイツ国防軍のナチス戦争犯罪との係わり、特にソ連やポーランド、バルカンでの不法行為については一九四五年から一九四六年にかけて開催された「ニュルンベルク国際軍事法廷」（ＩＭＴ）でも取り上げられたが、判決は「ドイツ参謀本部および国防軍最高司令部（ＯＫＷ）」は組織としては無罪で、他に訴追されたナチス党やＳＳ（親衛隊）、ＳＡ（突撃隊）、ＳＤ（情報部）などとは性格が異なり、〝犯罪的機構にあらず〟と宣告された。[注1]

だが、これはあくまで「主要戦犯裁判」（ＩＭＴ）での判決であって、その後引き続いて行われた「継続裁判」では、これとは別に一四項目の案件について、新たに多数の元国防軍高官や官僚、財界関係者が訴追され、その多くは有罪の宣告を受け、刑に服している。[注2]しかし、この「継続裁判」も一九四七年中にはすべて結審した。ところがここで取り上げる、元陸軍元帥エリッヒ・フォン・マンシュタインについては裁判が実施されるのが一九四九年になってからであり、しかも一人だけの裁判だった。マンシュタインの身柄は、終戦後ずっとイギリス側にあり、特に逃げ回っていたわけではない。にもかかわらず、なぜこのように裁判が遅れてしまったのか。これが第一の問題点である。[注3]

次に、実際の裁判でマンシュタインは有罪を宣告されて、禁固一八年の刑を言い渡される。しかし、すぐに一二年に減刑され、一九五二年には恩赦によって出所した。さらに出所後は戦犯としての経歴を西ドイツでも西側諸国でも全く問題にされることなく、西ドイツ再軍備についての提言を求められるほどに重用され、またその回顧録『失われた勝利』は、第二次世界大戦に関する基本的文献に挙げられるほどの名声を博することができたのか、という点が問題になる。[注4]

したがって、一九四九年のイギリス側によって行われたマンシュタイン裁判とは一体何であったのか、が問題ということになる。そこで本項では、①マンシュタイン裁判決定にいたるイギリス側の内情、②マンシュタイン裁判の内容、の二点を中心にして現代史の中でのマンシュタイン裁判の意味を考えてみたい。(注5)

1942年3月当時のエーリッヒ・フォン・マンシュタイン（生没1887~1973年）。名家に生まれ、第一次世界大戦を経て参謀将校としてのエリート街道を進んだ。電撃戦の立案者であり、独ソ戦でも大きな戦果をあげて名将と謳われた（Photo：Bundesarchiv）。

一　華麗なるマンシュタインの略歴

初めにマンシュタインの略歴を紹介する。(注6)ドイツ陸軍元帥エリッヒ・フォン・レヴィンスキー・ゲナント・フォン・マンシュタインは、一八八七年七月二十四日、ベルリン生まれ。父エドゥヴァルト・フォン・レヴィンスキーもやはりプロイセン軍の将官であった。母ヘレーネの妹の嫁ぎ先であるゲオルク・フォン・マンシュタイン（のち中将）に子がないため、生後すぐに養子となり、両方の姓を名乗った。マンシュタインに係わる両家はともにプロイセン軍人の家系で、ともにプロテスタントである。マンシュタインも一九〇六年にベルリン駐屯の近衛歩兵第三連隊に入隊するが、この連隊からは後に、ことにヴァイマル共和国時代に重要な役割を演じることになる軍人達、すなわちヒンデンブルク（Paul Ludwing von Beneckendorf und von Hindenburg）、シュライヒャー（Kurt Ferdinand Friederich Hermann von Schleicher）、ハンマーシュタイン＝エクヴォルト等を輩出している。

マンシュタイン本人は一九〇七年に少尉に任官したのち、第一次世界大戦では各地の部隊で参謀勤務。ヴァイマル共和国軍時代にもすでにその才能が見い出され、ヒトラーによる再軍備宣言が行われた一九三五年には陸軍参謀本部作戦課長となった。すでにこのころ陸軍部内では〝傑出した作戦的頭脳の持ち主〟との定評があった。(注７)

一九三九年の第二次世界大戦勃発時点で、マンシュタインは総司令官ゲルト・フォン・ルントシュテットのもとでポーランド攻撃の南部軍集団参謀長、ついで対西方攻撃のためのA軍集団参謀長。一九四一年の対ソ戦争では最初は機甲軍団長、ついで一九四一年九月からウクライナ攻撃の南方軍集団（ルントシュテット指揮）麾下の第一一軍司令官として主にクリミア半島作戦を指揮し、一九四二年七月セヴァストーポリ要塞攻略の功により元帥に昇進。同年末スターリングラード救援のためのドン軍集団司令官。一九四三年七月のドイツ側の最後の攻勢となったクルスク突出部への「ツィタデル作戦」を指揮。この作戦の失敗後もウクライナでの退却戦を指揮。一九四四年三月にヒトラーから罷免され引退。一九四五年五月、バーナード・モントゴメリー（Bernard law Montgomery）のイギリス軍に投降。その後はニュルンベルク裁判での証人としてドイツに拘留されるほかは、かつての上官であるルントシュテット等とともにイギリスのウエールズのブリジェンドにあった将校用収容所に拘留される。(注８)

二　問題となった捕虜・市民の大量殺害

マンシュタインの戦略家としての才能は、すでに戦時中から連合国側でも注目されていたが、(注９)ＩＭＴでも、その後の継続裁判でも訴追されることはなかった。マンシュタインに対する戦犯訴追の件がもちあがったのは、一九四七年にＩＭＴに引き続いて行われた「継続裁判」の途中で、アメリカ首席検察官Ｔ・テイラー（Telford Taylor）からの要請を端緒としている。テイラーはＩＭＴの時からずっとアメリカ側の首席検察官であったが、それまでに押収した旧ドイツ公文書資料の検査により、マンシュタインが戦時中、ことに一九四一年から四二年にかけて、ソ連で捕虜と一般住民、ならびにユダヤ系住民に対する不法行為と大量殺害に関与していた、と結論した。(注10)

テイラーの意見は、のちに彼がアメリカ陸軍長官に提出した報告書によると次のようである。

押収されたドイツ軍文書には「国防軍最高司令部の件」（訳註：継続裁判での訴追案件第一二号）にかかる嫌疑についての証拠が含まれています。これらの問題となる文書はそれを発した、あるいはそれを受け取った各司令部

（軍集団、軍、軍団、師団その他）のために綴じられており、それぞれの綴じ込み文書には、ある特定の司令部の高級将校が関係しているものも当然含まれているはずです。事実、現在イギリスに拘留されている元帥フォン・ルントシュテット、同フォン・ブラウヒッチュ、同フォン・マンシュタインが明らかに有罪であることを示す証拠が露顕しました。それはまたアメリカ側に拘留されている元帥フォン・レープ（Wilhelm Ritter von Leeb）、同フォン・キュヒラーなどの場合と同様であります。たとえアメリカ、イギリスどちらの側に拘留されていようと、該当する将軍達はアメリカ、イギリスの合同の法廷によって、単一の訴訟手続きによって裁かれるべきである、というのが私の勧告であります。

もしイギリス側がそのような裁判に係わるのを望まないなら、イギリス側に拘留されているこの三元帥をニュルンベルクに引き渡し、通常のやりかたで構成される裁判で（アメリカ側に拘留されている者達と一緒に）裁かれるよう勧告します。彼らは「最高司令部の件」によって裁かれることになりましょう。(注11)

三　消極的だったイギリス側の対応

しかし、このテイラーの要請あるいは勧告は上官であるアメリカ占領軍司令官L・クレイ（Lucius Clay）によってはねつけられ、テイラーはクレイから、アメリカ側に拘留中の軍人のみを裁くよう指示され、かつ、問題の三人（ルントシュテット、ブラウヒッチュ、マンシュタイン）の有罪を示す証拠はイギリス側に引き渡すよう命じられた。これが一九四七年八月のことである。(注12)そこでこの勧告と証拠資料は、ただちにニュルンベルク裁判のイギリス側首席検察官ハートリー・ショークロス（Hartley Shawcross）にわたされ、ショークロスはこれをさらに当時のイギリス労働党政府の実力者で、外相のアーネスト・ベヴィン（Ernest Bevin）に伝えた。(注13)イギリス政府ではベヴィンが中心になって、このテイラーからの勧告に関する検討がなされる。この時のイギリス政府内部での雰囲気については、新たな戦犯裁判を迷惑視するものがかなり強かったようである。たとえば陸軍担当国務相フレデリック・ベレンジャー（Frederick Bellenger）は、

四人（訳註：前述の三人に加えて元上級大将シュトラウ

ス（Adolf Strauss）も）のドイツの将軍の訴追にふさわしい充分な証拠ではある。だがそのような裁判は、もうこれ以上あってほしくない。といって、労せずして手に入ったからというだけで、これらの証拠を黙殺するのもむずかしい。

と言っている。

ベレンジャーは結論として、①裁判のための膨大な量のドイツ側資料の調査には時間がかかり、またそのための専門スタッフと予算が必要であり、②最も理想的な解決策は裁判をアメリカ側にゆだねることであるとした。[注14] また大法官W・A・ジョウィット（William Allen Jowitt）も、

> アメリカ側との合同の裁判にイギリス人を派遣することには、あまり賛成できない。どうせ裁判をするならあくまでイギリス側の軍事法廷で行うべきである。それが無理ならば次善の策として、アメリカ側にやらせるべきである。首相も裁判の速やかな終結を望んでいるし、イギリスの世論もこれ以上の戦犯裁判には批判的であろう。また、平和に関する罪をイギリスの法廷で裁くことはむずかしいだろう

として、事実上この四人の戦犯訴追と裁判実施を凍結もしくは棚上げするよう勧告した。[注15]

これは事実上、イギリス側では問題の四人についての裁判を開きたくない、と白状しているようなものであった。戦後の財政難の中、ポンド切り下げが実施されようとしている時、これ以上の新たな戦犯裁判はイギリス当局にとっては迷惑なことであったと言える。だがイギリス側で新たな戦犯裁判に気乗り薄だった理由は、単に予算とか手間の問題だけではなかったと言える。そのことはベヴィンから相談を受けた、実際に裁判にあたることになる在独軍政長官S・ダグラス（Sholdo Douglas—空軍大将）の次のような言葉によく現れている。

> 我々はアメリカ側が大量のはなはだ怪しげな証拠を使おうとしているのを知っている。我々は七三歳の老人（訳註：ルントシュテットのこと）を含む全員をアメリカ側に引き渡そうとしているが、はっきり言って私には好ましくないことである。アメリカ側が我々の戦犯訴追についての無為を非難するであろうことは、容易に察しがつく。だが、そのような非難を免れるために不正をやるくらいなら、奴らに批判させる方がましである。[注16]

ここではアメリカ側に催促されての裁判実施ということ自体への反感と並んで、同じ軍人として、戦争中の不法行為を取り上げることそのものへの反感も強かったと見るべきであろう。

これに対してベヴィン自身は裁判に前向きであって、十二月二日にジョウィットに、「我々が進んで訴追する必要がある。おそらく軍事法廷で。このままにはしておけない。選択の余地はない」と断言している。(注17) しかし同十九日に開かれたベヴィン以下ジョウィット、ベレンジャーの後任の陸軍担当国務相エマヌエル・シンウェル（Emanuel Shinwell）、その他法務長官および検事総長との会合では、外務省側から次のような意見が出された。

もし証拠が確実に有罪とできる場合にのみ裁判すべきであり、それもイギリスの軍事法廷でである。だが、ドイツの降伏後こんなに遅くなってから戦犯裁判を行うことには、イギリス、ドイツ両国の世論からの批判が多かろう。(注18)

ベヴィンがいくら戦犯訴追に乗り気でも、配下の官僚の姿勢がこんなでは、とてもイギリス政府としての態度決定は無理であって、一九四七年中には結論を出すことができなかった。

四　一九四八年におけるイギリス側の論議

一九四八年になって三月二十二日に、ベヴィンのもとにシンウェルとジョウィット、そして検事総長になっていたショークロスが集まり、問題の四人の健康診断をしたのち、誰を訴追するか決めるということになった。その結果、裁判に堪えらそうなのはマンシュタインだけで、ブラウヒッチュは心臓の持病悪化、ルントシュテットは高齢で無理と判定された。これに対してシンウェルは、「訴追するなら四人全員かそれともゼロか」のいずれかだと強調し、これに対してベヴィンは「彼らは裁かれるべきだし、それを止めるわけにはいかない。これは証拠の問題だ」と反論している。(注19)

すでにそれ以前の三月十一日に、ソ連側からマンシュタインとルントシュテットの身柄引き渡しの請求があり、アメリカ側からもこの二人とブラウヒッチュをニュルンベルクで継続裁判中のレープの弁護側証人として出廷要請がなされていた。(注20) 当時のイギリス側にしてみれば、ソ連への身柄引き渡しは論外としても、もしアメリカ側の求めに応じてマンシュタインとルントシュテットをニュルンベルクに送致してしまうと、「四人の健康上の理由から」これまでドイツでの裁判実施に難色を示してきたこれまでの言い逃れは根拠をなくしてしまうのであった。

このような経過についてシンウェルは、イギリス側にとって第一の関心事は、戦時中にドイツ側が発した「コマンド部隊指令」とルントシュテットの係わりであり、とりあえず七月十二日までに四人をドイツに送致し、裁判するかしないか、そして全員かそれとも特定の誰かか、アメリカ側からの求めに応じるかどうかは、いずれも閣議で決定すべきことだ、と主張した。これに対してショークロスは反論して、

そのような怠慢をすれば、アメリカ側と国連の両方から次のように論難《ろんなん》されるであろうことは全く疑いの余地がない。すなわち、将軍達は逃れて、ただ下っ端だけが吊るされている、との。またイギリスの軍人達は、かつて軍隊で高い地位にあった者にそのような屈辱を味わわせたくないとか、あるいは犠牲者の大半がロシア人もしくはポーランド人だから、という理由で訴追をためらっているのだ、との。この戦犯裁判を特別に擁護するわけではないが、とにかくこの四人を裁くことは、国内外に対するイギリス側の誠意の表明なのである。

とした。(注21)

七月五日の閣議ではショークロスの意見はベヴィンの支持を受けたが、依然としてジョウィットは「彼らを裁くのが英明なことなのかどうかには、疑問を表明せざるを得ない」との態度であったが、ともかく健康診断の結果に基づいて、ブラウヒッチュとシュトラウスはニーダーザクセンのミュンスターラーガー病院に送致され、ルントシュテットとマンシュタインはニュルンベルクに送られた。(注22)その後、ブラウヒッチュの容態が悪化して冠状動脈血栓症を併発し命も危ない状態になると、それを知ったイギリス軍政府長官ロバートソン（Brian Robertson――陸軍中将）はベヴィンに、

手遅れにならぬうちにもう一度考えなおすべきである。ベルリン封鎖中の現状という西欧にとって重大な時に、新たな戦犯裁判をすることは単にドイツ人の間に広範な憤慨と復讐心を引き起こすだけであって、今年九月一日までに戦犯裁判を終結させるとの政府声明を台無しにするものである。

と激しく抗議している。(注23)

このロバートソンの意見はイギリス国内でも一定の支持

があり、九月二十二日にベヴィンは下院でこれまでの経過をすべて説明するとともに、裁判実施に係わる閣議決定を、「道義的かつ政治的に必要なこと」として擁護した。(注24) かくて新たな戦犯裁判の件は、イギリス国内の論争へと発展した。与党労働党議員マイケル・フート(Michae Foot)は、「この件についての政府の取り扱い方に関して、多くの人々が深い懸念を抱いていることに留意すべきである」と発言し、野党保守党党首のチャーチル(Sir Winston Leonard Spancer Churchill)はこれまでのイギリス政府の取ってきた路線を、「政治的にも行政的にも愚行であり、司法的には不適切であり、かつ、人道にも軍人精神にも矛盾する」と非難した。結局、イギリス下院での空気は「今からでも止めるのに遅くはない。結局、今の我々にとって大事なのは、ドイツ人の善意なのだ」とするものであった。(注25) このようにして、マンシュタイン以下の訴追についての結論は、遂に一九四八年中にも決着せず、翌年に持ち越されることになったのである。

五　イギリス政府の態度決定

とにかく決着をつけるため、シンウェルは一九四九年三月に、再度軍民の合同の医師団による健康診断をしたところ、マンシュタインのみ裁判に堪えられるとの結論が出た。だがこれに従ってしまうと、次のような困ったことになるのであった。それは、健康上の理由からルントシュテットへの訴追を中止した場合、問題となっている一九三九年の対ポーランド戦での軍の不法行為について、指揮官の責任を参謀長がかぶることになる。

また、たとえ健康上の理由からルントシュテットを訴追しなくても、マンシュタイン裁判の場合には、彼は証人として出廷することになる。すると、もし証人として弁護側の反対尋問に堪えられるのであれば、ルントシュテット本人への裁判を行えないというのは、甚だしい不合理ということになる。(注26) ジョウィットとショークロスも、これとは別に独自にリバプール大学内科教授ヘンリー・コーエン(Henry Cohen)に診断を求めたところ、コーエンの結論はルントシュテットの裁判は無理というものであった。(注27)

かくて閣議において決着をつけざるを得なくなった。そして、一九四九年五月五日の閣議で、健康上の理由からルントシュテットを不起訴とし、マンシュタインのみイギリス軍占領下のドイツで軍事法廷において裁くことが決まった。その際の訴因は、「人道に対する罪」と一九〇七年のハーグ陸戦規定違反ということになった。同時にイギリス政府は、

これ以上の戦犯裁判を中止することも決定した。（注28）

六　マンシュタイン裁判の開始

以上のような経過をたどって、マンシュタインに対する裁判は一九四九年八月二十三日からイギリス軍占領下のハンブルクの「クリオ・ハウス」で開廷された。この時までにマンシュタイン裁判の是非については、イギリスの朝野《ちょうや》を挙げての論議となり、チャーチルからは「英米法とその法廷戦術に慣れていない」被告側の不利を補うためのイギリス人弁護士雇用のための醵金《きょきん》醵金の申し出がなされ、彼は率先して二五ポンドを醵出し、総計で二、〇〇〇ポンドの醵金が集まった。

かくて労働党下院議員レジナルド・パジェット（Reginald Paget）とサム・シルキン（Sam Silkin）が弁護にあたることになったが、（注29）マンシュタインにはパウル・レーフェルキューンとハンス・ラテルンザー（Hans Laternser）というドイツ人弁護人がついており、しかもレーフェルキューンは一九二〇年代からニューヨークで弁護士業務の経験があり、またすでにＩＭＴでは「参謀本部および国防軍最高司令部」の件の弁護を担当していた。だからとても「英米法とその法廷戦術に不慣れ」などとは言えないはずである。（注30）

これに対してイギリス政府は首席検察官として、すでに東京裁判でやはり首席検察官として有名になったサー・アーサー・コミンズ＝カー（Sir Arthur Comyns=Carr）を起用し、裁判官は陸軍中将フランク・シンプソン（Frank Simpson）を議長とする七人で構成されていた。

七　マンシュタイン裁判での訴因と弁護側の反論

裁判で挙げられたマンシュタインに対する訴追案件は一七ヵ条にのぼり、マンシュタイン自身は裁判開始前にみずから弁護のための基本線を設定し、裁判においては弁護人、特にレーフェルキューンとパジョットがこの線に沿った法廷戦術を展開した。この基本線とは、①裁判自体が勝者によるものであって中立性を期待できないこと、②有罪を示すとして提出される証拠資料そのものに問題があること、③訴追の法的根拠とされた一九〇七年のハーグ陸戦規定をそのまま第二次世界大戦に適用することの是非。（注31）

以下、裁判記録によって検察側の論告と弁護側の反論を逐条的に挙げていく。(注32)

①訴因1-3…ポーランドでのユダヤ系住民殺害の件

検察側　マンシュタインは参謀長として情報参謀ラングホイザー（Länghauser）からの報告で、シナゴーグ焼毀《しょうき》とユダヤ人焼殺の事実を承知していたはず。

弁護側　当時マンシュタインは参謀長にすぎず、殺害を命令する立場になかった。(注33)

②訴因4…一九四一年九月から一九四二年十一月までの第一一軍司令官当時、マンシュタインのもとでソ連軍捕虜七五〇七人を餓死もしくは射殺した件

弁護側　ソ連軍捕虜は投降した時、すでに甚だしく衰弱しており、死亡したのはマンシュタインの故意によるものではない。(注34)

③訴因5…ソ連軍捕虜をSDに引き渡したことと、パルチザンとして射殺した件

検察側　一九四一年九月十三日付けのOKH（当時総司令官はブラウヒッチュ）からの指令に基づいて実行された。

弁護側　この指令そのものは不正規兵に関する国際法に合致しており、当時マンシュタインにも違法行為の認識はなかった。(注35)

④訴因6…捕虜の中からドイツ軍のための補助兵を強制的に徴募した件

検察側　明らかなハーグ陸戦規定違反。

弁護側　これらの捕虜は、自発的に志願してドイツ軍内で「補助志願兵」（Hiwis）として扱われたのだから、決して強制ではない。(注36)

⑤訴因7…捕虜を労役、特に危険な地雷除去や防塞設営作業に使用した件

検察側　マンシュタインは第一一軍司令官当時、ソ連軍捕虜四万三七八二人を労役に、一万三一九八人を防塞設営に使用した。

弁護側　ハーグ陸戦規定に捕虜の使用禁止の明確な規定はなく、また総力戦においては捕虜を労働に使用するのは止むを得ないことであり、それは連合国側でも同様にドイツ軍捕虜を地雷除去作業に使用した。(注37)

⑥訴因8…「コミッサール命令」実行の件

検察側　マンシュタインは、第一一軍司令官当時クリミアでこの指令を実行した責任あり。

弁護側　ソ連軍のコミッサールは、正規の軍人ではない。ゆえにハーグ陸戦規定とジュネーブ条約には該当しない。(注38)

⑦訴因９-12…対ソ戦でのマンシュタインのユダヤ系住民絶滅政策への関与の件

検察側　対ソ開戦前の一九四一年四月二十八日の陸軍とSDの協定により、SD特別行動隊（Einsatzgruppe）の特殊任務（占領地でのユダヤ系住民の絶滅）について、軍の指揮官達は承知していたはず。特にマンシュタインとの係わりでは、特別行動隊D班のクリミアでの活動が問題。クリミアのチェルソンでのD班によるユダヤ人四一〇人殺害についての報告に、マンシュタインは自ら署名している。さらに一九四一年十一月十四日のクリミアのシンフェローポリでのD班によるユダヤ人一万人殺害の報告を受けていたはず。マンシュタイン自身が、〝クリスマスまでにシンフェローポリをユダヤ人ゼロにすべく〟命令した。

（訴因11）第一一軍はクリミアのユダヤ人とジプシー（ママ）の身柄をSDに引き渡しており、その際、彼らが射殺される運命にあるのを承知していたはず。

（訴因12）一九四一年十一月二十日の命令で、マンシュタインは「ユダヤ人やボルシェヴィキ的テロル精神の持ち主には厳しい贖罪の必要があることを軍人は理解すべし」とした。そして、しばしば報告の中で「移住」（Umsiedlung）の語が使用されているが、これは殺害の意味である。クリミア半島西部でのD班によるユダヤ人殺害の数は一九四二年十一月までに九万人に達し、これをマンシュタインは、はじめ第一一軍司令官、のちにドン軍集団司令官として知っていたはず。

弁護側　９から12までの訴因は国防軍全体で負うべき連帯責任のことであって、マンシュタイン個人に係わるものではない。九万人もの殺害には軍の協力が不可欠なはずだが、証拠資料で立証されたのは、D班が軍の車輛を利用したことを示す一件だけであって、マンシュタインの指揮下で起こった殺害数そのものも三〇〇〇人を超えない。シンフェローポリで殺されたユダヤ人も二〇〇〇人にすぎない。マンシュタイン自身、D班の活動に関する報告に逐一目を通す暇はなかった。マンシュタインにはD班への命令権がない。また「ユダヤ・ボルシェヴィキ」なる観念は当時のドイツでは通念になっていた。(注39)

マンシュタイン自身の供述　チェルソンでの件については報告を読んだ覚えがないし、D班によるユダヤ人殺害の報告そのものを受けた覚えはない。(注40)

⑧訴因13…ソ連での一般住民殺害の件

検察側　マンシュタインは一九四一年十一月十六日付けで、「シンフェローポリ市内での建物爆破一軒につき、住民一〇〇人を報復として射殺すべし」との指令を発した。さらに同二十九日、地雷によって死亡したドイツ軍下士官兵それぞれ一人につき、五〇人の住民を報復として射殺した。また、一九四三年九月二十一日にSS「ヴィーキング」師団による破壊と殺害を、マンシュタインは報復措置として正当化している。クリミアのエウパトリアで住民一三〇〇人を同師団が射殺した件についても、彼の命令による報復措置であった。

弁護側　マンシュタイン自身はそのような指令を発したことを知らなかったし、元々から住民の射殺を意図したことはない。また一九四一年十二月十五日付けの「パルチザン掃討指令」も、ドイツ軍を敵視する住民をパルチザンによる爆破攻勢と連帯責任ありと見なすのは正当なこと。ただし、無実の住民の殺害については、弁護側から反論は出なかった。(注41)

⑨訴因14…パルチザンの嫌疑をかけられた者の即時射殺の件

検察側　クリミアだけでも数千人が射殺されているが、これは一九四一年五月十三日付けのOKHによる野戦軍法会議指令によるもので、パルチザンであるとの口実でユダヤ人の女子供まで射殺した。

弁護側　クリミアでのドイツ軍に対するパルチザンの脅威は本当のもので、掃討作戦は不可欠だった。(注42)

⑩訴因15…マンシュタインの指示により、占領地の住民を強制的にドイツ軍のための労役に徴用した件

検察側　マンシュタインが南方軍集団指令官になった一九四三年二月、ヒトラーからの指令で一四歳から六五歳までの男子住民を強制的に徴用を実行した。

弁護側　当時、独ソ両国ではともに強制労働は普通のことであり、戦時下では止むを得ぬこと。(注43)

⑪訴因16…マンシュタインによる占領地住民のドイツへの強制移送指示の件

検察側　一九四二年からドイツ本国での労働力不足補塡のため、労働配置全権フリッツ・ザウケル（Ernst Friedrich Christoph "Frits" Sauckel）による措置で、マンシュタイン以下各軍の担当者が協力した。総数は数十万人に上る。

弁護側　マンシュタインに犯意はなく、また労働のための強制移送禁止は国際法に規定がない。マンシュタイン自身は、この件では異議を申し立てなかった。(注44)

⑫訴因17…一九四三年のドイツ軍のソ連からの撤退の際に発した焦土作戦指令の件

検察側　ドイツ軍の撤退に際して、住居・工場の破壊と住民の強制移住、蓄積農産物の廃棄とそれを拒否した住民の射殺をマンシュタインは指令した。

弁護側　これは連合軍による戦略爆撃と同じ。住民の強制移住は、敵の戦力となる可能性のある者を連行するという必要な措置。(注45)

八　多くが無罪とされた判決

五一日間にわたる審理のしめくくりとして検察側、弁護側双方の最終論告がなされた。これはある意味で、マンシュタイン裁判そのものの性格を対照的に論じるものになっている。

首席検察官コミンズ＝カー

マンシュタインは挙げられたすべての訴因において責任を有し、ゆえに有罪である。特にＳＤの行為を止めさせて、ユダヤ人絶滅策を防止できたはずである。にもかかわらずマンシュタインはポーランドでもソ連でもヒトラーの信念を支持し、そのことはユダヤ人絶滅策に対する態度にも現れている。

弁護人パジェット

軍人として政府の命令に従うのは当然で、同時に、ハーグ陸戦規定はソ連での戦争には適用できず、かつマンシュタイン自身は、ナチスの犯罪的政策やユダヤ人絶滅策に何の係わりももっていない。証拠の示すところでは、国防軍はほぼその規律を守ったと言える。……私は将来、すべての人達が戦友となることを望んでいる。もし西欧全体を守るとすれば、我々は戦友でなければならぬ……ドイツ人にとってマンシュタインは、決して戦争犯罪人ではないだろう。彼は国民の英雄であり、かつそうであり続けるだろう。彼はドイツの勝利の施工者であり、ドイツの敗北のヘクトールとして、全身全霊をもって大退却を命じたのである。トロイの陥落は避け得ぬことを確信しつつ。(注46)

判決は結審から三週間後の一九四九年十二月十九日に言い渡された。マンシュタインに関する訴因のうち、ポーランドでの行動を含む八件については無罪とされ、有罪とされたのは次の九件についてである。

訴因7・15　ソ連軍捕虜と一般住民を地雷除去作業と防塞設営に使用したこと。

訴因16・17　担当地域の一般住民を強制的に移送したこと。

訴因4・5・8　ソ連軍捕虜の虐待と射殺、身柄のSDへの引き渡し、パルチザンの不法な取り扱いとコミッサールの殺害。

訴因13　ソ連での一般住民を破壊行為の報復として殺害した件。

訴因10　シンフェローポリでのSDのユダヤ人殺害を承知していた件。(注47)

判決では特に、マンシュタインが「コミッサール命令」に従って捕らえたソ連軍コミッサールの多くを射殺したことを重視し、逆に一般住民を人質として射殺したことは無罪とした。また、検察側が最も問題としたSD特別行動隊によるユダヤ系住民の絶滅策への関与についても、大半を無罪とした。

そして、有罪の認定によってマンシュタインには禁固一八年が言い渡されるが、これまでのイギリスでの拘留期間の分を差し引き、すぐに一二年に減刑される。身柄はただちにドイツのヴェルル（Werl）刑務所に収監されるが、ここでも夫人と秘書の帯同を許されるという破格の厚遇であった。そして一九五一年に政権の座に返り咲いたチャーチルと西ドイツ首相アデナウアーとの合意により、一九五二年には早くも非公式に釈放され、一九五三年には正式に恩赦により復権した。(注48)

結論…何が明らかになったか

以上、エリッヒ・フォン・マンシュタインの訴追の決定から裁判、そして判決にいたるまでの経過を概観した。全体を通じて明らかなように、イギリス側はベヴィンとショークロスを除くと、ほとんどが訴追反対もしくは消極的であったことがわかる。

その理由も様々で、戦後の厳しい財政難からの反対論もあれば、冷戦によるドイツ人への融和策という政治的な配慮からのものもある。だがチャーチルはもとより、政府部内でのマンシュタイン訴追への反発も、冷戦下でのドイツ人への融和策という以上に、アメリカ主導の戦犯訴追への反感と見るべきだろう。むしろそのような反感を正当化するための「高度な政治的判断」として、ドイツ人への融和策という主張を押し立てたと見ることができよう。したがって一九四九年のマンシュタイン裁判は「茶番劇」ではないにしても、イギリス側が戦犯訴追に不熱心ではないことを示すための一種の「儀式」であって、自国に直接関係のない、しかも現に冷戦進行中で新たな仮想敵となったポーランドとソ連での戦時中のドイツ軍による不法行為など裁きたくはない、との本音を覆い隠すものであったと言えよう。(注49)

しかしそれにも増して、イギリス軍人の多くが「ドイツ軍最高の名将」マンシュタインへの敬意と同情から反対したという点は、第二次世界大戦そのものの性格を考える上で重要であろう。マンシュタインへの訴追のすべてがポーランドとソ連での不法行為に関するものであった点は、単なる冷戦下での反ソ的雰囲気という事情以上に、なぜイギリスの軍人達がマンシュタイン訴追に反対したのかという問題への最大の回答になっていると言える。

すなわち、イギリス軍に対して、あるいはイギリス国民に対して不法行為をしたわけではないこの「名将」を、他のナチス戦犯と同列に扱って訴追することへの同じ職業軍人としての反発である。エルヴィン・ロンメルへの過剰とも言うべき称賛は別としても、イギリス軍人にとってドイツ国防軍は決してナチスと同一視してはならぬ存在だった。そのことは判決にも現れている。マンシュタインを訴追するということはとりもなおさず、ＩＭＴにつらなるナチス犯罪への加担の科を最大の問題としたはずである。

しかし判決では、検察側が最も問題としたマンシュタインのＳＤ特別行動隊のユダヤ人絶滅策への関与については無罪とし、有罪としたのは専ら戦時国際法の点からの不法行為についてであった。これは、裁判官が同じ職業軍人として問題とすべき案件を、あくまで戦闘行動における指揮官の責任という点にのみ関心を示したことにほかならない。

しかも量刑が死刑ではなく、ドイツの刑務所での有期刑であることは、判事団がマンシュタインを「行き過ぎ」の科で一応責任ありとしただけであって、マンシュタイン個人とその作戦行動がナチスの政策や思想とは何の関係もないと認定した現れと言うべきであろう。もっと言えば、イギリス側、特に判事団をはじめとする軍人達は、マンシュタインに反ユダヤ主義とかユダヤ人迫害への係わりをもたせてはならぬ、と内心で決意していたとさえ見ることができよう。(注50)

マンシュタイン自身は、出所後すぐに回顧録『失われた勝利』を刊行し、これはすぐに英語訳も出版され、今日まで第二次世界大戦史の基本的文献の一つに数えられている。だからおそらくマンシュタイン裁判の最大の「成果」とは、戦勝国側からの国防軍免罪の承認によって、ヒトラーの戦争指導と独ソ戦争の実像を国防軍からの視点のみを流布させる用意をしたことと言うべきだろう。当然それによって第二次世界大戦史ことに独ソ戦争史は、冷戦時代のソヴィエト史学のプロパガンダ性とソ連当局の秘密主義にも助けられて、専らドイツ側の視点での研究と叙述が西側世界で定着することになる。ソ連崩壊後やっと旧ソ連公文書の利用による新しい独ソ戦争研究が登場しつつあるが、歩みは遅々たるものがある。その意味で大戦と冷戦の呪縛は未だに解けていないと言うべきであろう。(注51)

第5章「国防軍潔白論」に影響を与えた書籍

一 〝清潔な国防軍〟神話の生成と克服

クルト・ペツォルト著『諸士は最良の兵士なりき――ある伝説の起源と歴史――』

〔Kurt Pätzold Ihr waret die besten Soldaten, Ursprung und Geschichte einer Legende（Militzke Verlag,Leipzig 2000）, S. 285〕

ヴォルフラム・ヴェッテ著『国防軍――敵のイメージ・殲滅戦・伝説――』

〔Wolfram Wette, Die Wehrmacht-Feindbilder, Vernichtungskrieg Legenden（S. Fischer, Verlag, Frankfurt am Main, 2002）, S. 376〕

問　題

一九九〇年代初頭における東西両ドイツの統一とソ連邦の解体というヨーロッパでの冷戦構造の崩壊によって、冷戦体制成立時にかかわる事情の究明が新たな研究上の課題として浮上してきている。それはまず、第二次世界大戦史でのソ連とスターリンに関する問題であり、次にドイツ現代史上のタブーとされた諸問題についてである。そのうちドイツの問題に限って見れば、一九九五年に始まった「殲滅戦・国防軍の犯罪」展をめぐる全独的な論議に代表される、第二次世界大戦中のドイツ国防軍の行為、もしくは国防軍のヒトラーおよびナチスとの関係に関する新たな方向性の出現と言えよう。

ここで取り上げる論題、〝潔白な国防軍〟（saubere Wehrmacht）神話とは、第二次世界大戦中のドイツ国防軍の行為の免責論のことで、要約すると次のようになる。すなわち、国防軍は第二次世界大戦中、戦地での捕虜虐待や一般市民への殺害・暴行・略奪・強制移住などの戦時国際法違反の行為はほとんど侵していない、ましてユダヤ人大量殺害、いわゆるホロコーストには全く関与していなかった、これらの戦争犯罪に当たる行為は主としてSSやSDなどナチス党の機関によるものであり、かつソ連やバルカンでの対パルチザン掃討戦もあくまで占領地での抵抗の激化に対応した処置であった、とし、国防軍はただ〝普通の戦争〟(注1)（normaler Krieg）を遂行しただけだ、とする説明である。

だが本項で問題とするのは、この神話あるいは伝説の当否ではなく、その生成と西ドイツ国内での定着、さらにこの神話に基づく国防軍像が今日まで広く西側世界での共通した国防軍イメージにまで発展した過程に関する、最近のドイツの対照的な二人の研究者による業績を比較し、現代史（広く第二次世界大戦前史から戦後史までを含む）研究において抱えている諸問題の整理と今後の展望について言及したい。

ペツォルトによる西ドイツ史学批判

最初に取り上げるクルト・ペツォルト（Kurt Pätzolt）は、旧東ドイツ出身の現代史家で、一九六三年イェナ大学卒業後、一九七三年から一九九二年までベルリン・フンボルト大学のドイツ史講座担当教授を務めた、いわば旧東ドイツ史学界の重鎮である。主な研究分野は、ドイツ・ファシズム史と反ユダヤ主義・ユダヤ人迫害史で、これまでの主要業績としては、『ＮＳＤＡＰの歴史』（一九九〇年）、『アドルフ・ヒトラー、ある政治的伝記』（一九九五年）など多数ある。ここで、国防軍潔白神話形成に関する旧東ドイツ側の見方を、後述する旧西ドイツ出身のヴェッテのものと比較するとともに、本書でペツォルトが回顧と反省の形で述べている旧東ドイツでのドイツ現代史叙述の実情の紹介を通して、研究上での東西対立と冷戦がどのようなものであったかも俯瞰することができよう。

ペツォルトの著書の内容構成は、

序言・第一章「国防軍最高司令部の最後の公報」、第二章「一九四五年・伝説にとっては具合の悪い年」、第三章「像は改鋳される・行為と指揮と犠牲者」、第四章「最初の包括的叙述」、第五章「回顧録の噴出」、第六章「冷戦に有用」、第七章「テルフォード・テイラーの予言的な論告」、第八章「将軍達と歴史家」、第九章「〝第二の〟ドイツ歴史科学の始まり」、第十章「模範と負債」、第十一章「ドイツ反ファシスト達の歴史評論」、第十二章「ドイツ人同士の論争と国際的な接触」、第十三章「別の種類の将軍達の回顧録」、第十四章「疑問・領域・研究の欠落」、第十五章「遺産の測定」、第十六章「東ドイツの反ファシズム像における反ユダヤ主義とユダヤ人殺害」、第十八章「暫定的総括」、「結語なし」（章の名称）となっている。

しかし内容は、第一章から第八章までと、第九章以下が全く対照的な論題で、叙述の文体もひどく異なるものであるため、前半と後半とをそれぞれ別個に一括して取り上げる。

本書の題名〝諸士は最良の兵士なりき〟は、ヨーロッパで第二次世界大戦が終結した一九四五年五月九日付の国防軍最高司令部（ＯＫＷ）公報の結びの言葉であり、著者によると、これこそ〝潔白な国防軍〟神話の原点であるとしている。すなわち、終戦に当たっての総括として、一九三九年九月一日の開戦以来一貫して、国防軍将兵は民族の勝利のための英雄的な戦いを遂行してきたのであり、また一貫して戦時国際法の規定を遵守してきた、とするものであった。そして著者は、このまさに終戦と国防軍解体のその時点から、〝汚れなき国防軍〟(unbefleckte wehrmacht) ――直訳すると〝シミのない国防軍〟――の神話が発生したとしている。(注２) さらに著者の指摘によると、この〝汚れなき国防軍〟なる言葉はすでに第二次世界大戦中のドイツ軍の指令の中に見出されるという。ここから著者は、〝現実世界から生まれる歴史的伝説の力が強いほど、それだけ嘘と願望の世界へ導く力も強い〟とのテーゼに則って分析する。

前述のように本書の第三章から第八章までの内容はほとんど同じで、繰り返しが多いため、著者の最も言わんとしている点をまとめてみると次のようになる。

第一に、第二次世界大戦後の一九五〇年代に、当時の西ドイツで旧軍人による回顧録が〝洪水のように〟刊行された。著者によれば、これら回顧録のすべてが旧国防軍を称賛する意図をもって書かれ、内容はもっぱら作戦と戦闘に関する叙述に限られ、まるで〝スポーツあるいはゲームの経過についての叙述〟に近いものになっているという。ここでドイツ側の敗因として挙げられるのは、ヒトラーによる素人的な作戦への過度の介入と干渉であったとされ、軍人達の作戦と指揮についての自己弁護が主題になっているとしている。要するに、〝ヒトラーの無用な作戦への干渉と介入さえなければドイツは勝てた〟との結論に落ち着く。(注３)

そして著者が最も激しく糾弾するのは、これら旧軍人の回顧録からは、占領地での住民殺害や捕虜虐待、いわんやユダヤ人殺害についての国防軍の関与についての記述が全く欠落している点である。この点を著者は、後の第十三章「別の種類の将軍達の回顧録」で、フリードリッヒ・パウルス以下ソ連の捕虜になり、戦後も東ドイツにとどまった旧軍人達による回顧録と対比させ、そこから次のように結論している。〝西ドイツの回顧録と東ドイツのそれとの決定的な相違は、ソ連邦で始められた犯罪への国防軍の関与を取り扱っているか、それとも否認するかの点にある〟。(注４)

著者の第二の指摘として、これら西ドイツでの旧軍人による回顧録は、いずれも第一次世界大戦後のルーデンドルフ以下旧帝政ドイツの軍人達による自己弁護的な回顧録が、そのモデルになったとしている。それは第二次世界大戦の指揮官のほとんどが第一次世界大戦とヴァイマル共和国軍での勤務経験を持ち、実際にこれら旧帝政軍人達の著書を読んでいた。そして、これらの前大戦の先達による回顧録叙述、すなわち問題を純軍事のみに限定する方法を見習っていたとしている。

第三に著者は、一九五〇年代の西ドイツでの旧軍人による回顧録続出の背景として、当時進行中だったアデナウアーによる西ドイツ再軍備とＮＡＴＯ加盟への下地作りを指摘する。その代表的な例として挙げられているのが、元陸軍大将（空挺部隊）ヘルマン＝ベルンハルト・ラムケ (Hermann=Bernhard Ramke) の活動である。ラムケは一九五一年に戦犯容疑の拘禁から釈放されるとすぐに連邦議会に選出され、そこで三つの要求をした。一．西ドイツの他の同盟国との完全な政治的・軍事的対等、二．武装ＳＳや警察部隊も含めたすべての旧軍人への中傷非難の禁止、三．連合国側でまだ抑留されている旧ドイツ軍人のうち、二、三の「犯罪者」を除き、すべての釈放、となっている。

著者によると、これら旧軍人による活動の背景として、新設の西ドイツ連邦軍の中核となる旧国防軍出身者の潔白さの証明と、現実の敵として想定されているソ連に対する反ソ反共意識を西ドイツ国民の間で醸成するねらいがあったとしている。さらに著者はまた、これら旧軍人による回顧録は、新たな同盟軍となる英米軍のために対ソ戦の一種の「教則本」としてのねらいもあったのではないかとしている。

かくて、第二次世界大戦中の国防軍による国際法違反の行為や反ユダヤ主義への加担は〝知らず、関与せず〟の合意が西ドイツのみならず英米の、特に軍部の間で出来上がったとしている。そして東ドイツの史家らしく著者は、我が国でも有名な西ドイツの現代史家、たとえばヴァルター・フーバッチュ、ハンス・ヘルツフェルト (Hans Herzfeld)、ヘルムート・クラウスニク (Helmuth Clausnik)、アンドレーアス・ヒルグルーバー (Andreas Hillgruber)、ハンス＝アドルフ・ヤコブセンなども俎上に上げて、当時の西ドイツの状況に加担する役割を果たしたとして非難している[注5]。

旧東ドイツ史学への反省

以上、ペツォルトの著書の前半部分を概括したが、はっきり言って、史学研究での冷戦的発想の繰り返しにしか見えない。旧軍人達が自己弁護のためにすべての責任をヒトラー一人におしつけてしまったことの指摘など、これまでにいくらでも例がある。(注6) また、そのような旧軍人達の態度を容認した冷戦期の西ドイツや英米側の空気について、今の時点から振り返って非難してみても何か新たな事実や視点が提供されるわけでもない。だから、もし本書がここまでの内容だけで終わっていたら、あえて取り上げることはなかったろう。

ここでペツォルトの著書が問題なのは、本書の後半部分で、かつての東ドイツでのヒトラーと第二次世界大戦史研究がどのような性格のものであったか、そして政治上・研究上のタブーがどのようなものであり、その結果、同時代の西ドイツでの研究とどのような優劣を生じたかについて、かつて東ドイツ史学界の只中にいた著者による回顧と反省がなされているからである。そこで、これ以降の内容の紹介と検討に移る。

第九章「〝第二の〟ドイツ歴史科学の始まり」および第十章「模範と負債」では、ロストックからイェナにいたる東ドイツの各大学では当初は第二次世界大戦史を扱える教授陣そのものが存在せず、一九五〇年代には第二次世界大戦史はそのほとんどが新聞や雑誌の記事か、さもなければロシア語文献の翻訳に依っていたという。そのため、著者ペツォルトも含めて現代史研究者を戦後世代の学生の中から育成せねばならず、この出発点であけられた西ドイツ史学との差は大きかったとしている。また前述のように、旧軍人の大半が西ドイツで回顧録を発表したため、研究に取りかかる上での資料と証言の量の点でも東ドイツは大きく水をあけられ、とりあえずはこれら西ドイツで発表された回顧録や研究の批判的検討から出発せざるを得なかった、としている。

東ドイツ史学で最も問題にされた点について、言い換えれば最も問題にしてはならなかった点を回顧して、著者の挙げている東西ドイツ史学の対立点とは、①一九三九年八月二十三日の独ソ不可侵条約付属秘密議定書の真偽、②開戦と戦争犯罪の責任をヒトラー個人に負わせるべきか否か、③ファシスト体制（著者の使用する用語）内での各種の対立と抵抗の解明と位置づけ、④反ヒトラー連合諸国の勝利への貢献度、⑤大戦中のドイツ側による戦争犯罪の司法的な責任追求、であったとしている。

当然、東ドイツ発足の時点ではまだスターリンが健在だったから、大戦史の叙述もまずスターリンの演説の引用から出発せざるを得ず、全面的にソ連の意向の範囲内での発言に限定されていたという。これは今日から見て、あえて異とするに足らない。しかしこのような制約の結果、著者が実例として挙げている、東ドイツでの第二次世界大戦史研究で実際に発生した現象は、いささか奇怪でさえある。

すなわち、大戦中のドイツによるソ連占領政策については、当初は全く触れられなかった。また、独ソ戦争前半期の一九四一〜四二年にかけてのソ連側の大量の捕虜の発生とドイツ軍による虐待の事実も無視された。その理由は、緒戦でのスターリンとソ連軍首脳の指揮の誤りに係わる問題だったからであり、さらにドイツ側に占領されたソ連領内で発生した対ドイツ協力者の存在も無視され、一九五一年版の歴史教科書では、冷戦の進行と相まって、第二次世界大戦史の叙述は、緒戦の西欧諸国の敗北は、戦前における西側ブルジョアジー勢力によるヒトラー助長の結果だったとされ、英米両国は戦時中も一貫して本気でドイツ打倒を考えていなかった、と断定された。その後、スターリンの死とフルシチョフによるスターリン批判により、第二次世界大戦は、当初の古典的帝国主義戦争から独ソ戦の開始によって反ファシズム戦争へと転化した、との解釈がソ連側から示され、今度はそれが東ドイツでの研究の基本線になった。だがたとえフルシチョフ時代になっても、ソ連史学でのタブーは厳然として存在したため、東ドイツ史学も当然それに追随せざるを得なかった。

著者が挙げるフルシチョフ時代のタブーとは、①一九三九年八月から一九四一年六月までの時期のソ連外交を弁護的に扱うこと、②独ソ戦の経過、特に開戦から一九四一年十二月までは論評を加えずに叙述すること、③ソ連国内でドイツに協力した諸民族への懲罰的集団移住には触れぬこと、④大戦末期のドイツ本国でのソ連軍将兵による一般ドイツ人への不法行為には触れぬこと、⑤ドイツの収容所から解放され帰国したソ連軍捕虜へのひどい仕打ちにも触れぬこと。これに対して、ソ連で発表された大戦史関係の出版物はすぐに翻訳され、これが東ドイツでの基本資料になった。だが当然、以上のような制約のため、特に独ソ戦の緒戦での赤軍の大敗については全く触れられなかった。否それどころか、独ソ戦争史そのものが東ドイツ史学のあまり触れたがらない論題であったという。東ドイツ史学で主要な研究対象となったのは、独ソ戦争前史としてのドイツ側での対ソ戦争計画立案過程だったが、それさえも必ず発表の前にモスクワの査閲を必要としたという。無論戦前のスターリンによる赤軍幹部の大粛清やカチンの森事件などは絶対的なタブーとされた。その結果たとえば、

第二次世界大戦の二つの根本的に相違する段階、というテーゼによって、こういう結論が導き出されることになった。すなわち、一九三九年九月に自国の領土で戦ったポーランド軍将兵は、ドイツによる占領中にパルチザンとして、あるいは北アフリカやソ連の戦場では全く別の戦争を戦った、ということになった。(注7)

だがこれらソ連・東ドイツ史学でのタブーについては、当時の東ドイツの大戦史や現代史の叙述を一覧すれば明白であり、政治上のタブーによる研究上の限界については敢えて言わずもがなの感がある。これに対して、第十一章から第十五章までの各章では、ドイツ近代史に対する東ドイツ史学の態度を扱っていて、それなりに注目に値する。(注8)

著者によると、東ドイツの指導部はほとんど全員が戦前のドイツ共産党（ＫＰＤ）の亡命者であり、彼らが戦前に亡命先で発表したファシズム評価がそのまま戦後の東ドイツでの研究の基本線となった。しかし中心となるべき東ドイツ国家評議会議長ヴァルター・ウルブリヒト（Welter Ernst Paul Ulbricht）の論説、ことにヴァイマル共和国期に関する評価そのものに大きな問題があったとしている。それは、なぜ多数の労働者がＫＰＤではなくヒトラー支持にまわったのか、そして、なぜ大多数のドイツ軍将兵とドイツ国民は最後までヒトラーに従ったのか、という二点についての考察がきわめて不充分・不完全であり、その弱点は克服されることなく東ドイツ史学に受け継がれていったという。著者が挙げる東ドイツ史学での「説明不能の」具体例として、一九三五年一月のザールラントの帰属をめぐる住民投票、すなわち社民勢力の強い同地方の住民の九割以上がナチス独裁のドイツへの帰属をなぜ希望したか、について、すべての東ドイツ史家が〝途方に暮れた〟状態で、確たる回答を拒否したという。そしてヒトラー個人の役割についても、単なる教唆者、煽動者として軽く触れるだけで、さらに第二次世界大戦でのドイツ自体の人的・物的損害についても、またドイツ人大衆がなぜヒトラーに熱狂したかの理由も結局は解明されずに終わったという。

だがこのような弱点にもかかわらず、東ドイツ史学自体は、西ドイツ史学に対して次の点で研究上の優位にあると自認していたという。すなわち、①東ドイツの指導層が戦前・戦中にファシズム（ヒトラーとナチスのこと）に加担して手を汚していないこと、②自国の犯罪的過去を言い繕おうとする勢力が歴史研究に影響を及ぼすような余地が存在しなかったこと、であり、西ドイツ側との議論においても東ドイツ史学は、この二つを最大の武器とした。また、スターリングラードの降将フリードリッヒ・パウルスなど、東ドイツにとどまった旧軍人による回顧録の記述が、西ドイツで発表されたものと全く内容を異にし、対ソ戦の実相や国防軍内部の人間関係などに触れていたことも西ドイツ史学に対する優位と見られたという。そして、ドイツ軍部や独占資本の役割についての考察や国防軍による戦争犯罪研究の分野では東ドイツ側が優位に立っていた、と自認していたという。(注9)

ヒトラーとナチスによるユダヤ人迫害、いわゆるホロコーストについても、東ドイツで一九五〇年代にこれを扱った学位論文がわずか一編だけであり、一九六一年に公刊された『人種・人種理論と帝国主義政策』は、亡命時代のKPDによるナチスのユダヤ人迫害についての論評集であり、そのほかに何らの見るべき研究もなされなかったし、特に年配の研究者ほどこの問題には立ち入ろうとしなかったという。そして独ソ戦でのSS特別行動隊によるユダヤ人掃討作戦についても、わずかに捕虜となったソ連軍の中のユダヤ系の将兵の射殺だけが扱われたという。(注10)

以上概観してきたように、東ドイツ史学は出発の時から、資料と証言の絶対的不足という量的な欠陥に加えて、ソ連による厳重な制約という質的欠陥を背負い込み、結局東ドイツの崩壊の時までそれを自ら克服できなかったことになる。東ドイツ史学界にいた著者ペツォルトにしてみれば、この本書の後半部分は、いわば〝血を吐く思い〟、〝痛恨の極み〟の叙述なのだろう。そのことは、西ドイツ側の状況を論じた本書前半部分が快刀乱麻の明快さで述べているのに比べ、後半部分は晦渋きわまる難文になっていることでも明らかである。

にもかかわらず批判せねばならない。それは、ソ連史学に全面的に追随せざるを得なかった東ドイツ史学を論じる時、東ドイツ国家そのものの本質についても絶対に言及されねばならないはずだが、それが全く欠落しているし、「盟主」たるソ連自体についてもほとんど言及がなく、一部でソヴィエト史学の水準が低かったとしているだけである。また、かつてのソ連・東ドイツの叙述で頻繁に登場したプロパガンダ的罵倒語、〝厚かましくも〟、〝いかさま師的〟、〝曲芸師的〟などが随所に見られ、さらに「ソヴィエト大祖国戦争」を引用符抜きで使用している点など、いまだに東ドイツ時代の遺風を残していて問題の完全な解明にはなっていない。

問題の今日的課題――ヴェッテ

次に取り上げるヴェッテの『国防軍――敵のイメージ・殲滅戦・伝説――』は、いわば「西側」からの現在の時点での問題の整理と今後の展望について要約した内容になっている。

著者ヴォルフラム・ヴェッテ（Wolfram Wette）は一九四〇年生まれ、一九七一年から九五年までフライブルク連邦軍事史研究所員、一九九八年からはフライブルク大学教授として ドイツ軍事史を専攻し、これまでに『ドイツのソ連侵攻・一九四一年』、『グスタフ・ノスケ――ある政治的肖像――』（一九八七年）、『第二次世界大戦の原因と前提』（一九八九年）、『スターリングラード』（一九八九年）など、主とし

て第二次世界大戦、特に独ソ戦についての業績を公けにしてきた。ヴェッテの著書の内容構成を紹介すると、
第一章「敵としてのロシア・ソ連・ボルシェヴィキ像」、第二章「ドイツ軍部の反ユダヤ主義」、第三章「国防軍とユダヤ人殺害」、第四章「将軍と兵士」、第五章「〝手のきれいな国防軍〟の神話」、第六章「破られるタブー」、第七章「結び」、となっている。

以下章を逐って紹介と検討に移る。

第一章「敵としてのロシア・ソ連・ボルシェヴィキ像」では、帝政期のドイツ人、特に教養的市民層の平均的なロシア像を取り上げ、ロシア文学が広く人気を博する一方で〝泥棒の多い国〟との相反するイメージでとらえられていたとし、社会民主党からは帝政ロシアは〝反動派の避難所〟との位置づけがなされ、右翼・国家主義グループからは、大国だが構造的な弱さを抱えた〝粘土製の巨人〟と見られていたという。そして著者によると、このような第一次世界大戦前からのドイツでの否定的なロシア像が、そのまま大戦後のヒトラーとナチスによるロシア観、すなわち〝ユダヤ・ボルシェヴィキ〟観に直結し、それがまた独ソ戦にまでつながったとしている。(注11)

第二章「ドイツ軍部の反ユダヤ主義」で、プロイセン時代からの軍部内の反ユダヤ感情を歴史的に概観している。そして、帝政期の主として伝統的・宗教的な反ユダヤ感情が、ヴァイマル期には反ユダヤ・反ボルシェヴィキという意識へと変化し、それはユダヤ系政治家に対するテロの実行犯がいずれも元軍人であったことからも明白であるとしている。

ヒトラー時代になると当然のことに、国防軍での反ユダヤ主義政策は公然かつ露骨なものとなり、軍全体で「アーリア人条項」が適用されてユダヤ系の将兵は追放され、帝政期以来の漠然とした軍内部の反ユダヤ主義はここで公式の建前になったとしている。

第三章「国防軍とユダヤ人殺害」では、著者は一九四一年六月に始まる対ソ戦を完全な「人種戦争」だったと位置づけ、開戦前の三月末日のヒトラーによる軍首脳への演説をふまえた形で、前線の各指揮官達もそれぞれの麾下部隊に対して〝ユダヤ・ボルシェヴィキ体制の排除〟を戦争の目的として示達したことを強調している。興味あるのは、そのような指揮官の中に、後にヒトラーから解任され、反ヒトラー派の中心人物となって処刑されるエリッヒ・ヘプナー（Erich Huepner）がいたことである。これは軍部による反ヒトラー抵抗運動の性格を考える上で留意すべき点であろう。

さらに、現実の対ソ戦で、まだソ連側による組織的なパルチザン戦が始まっていなかった一九四一年に、すでにドイツ軍側では「対パルチザン戦」という名目でユダヤ人殺害を実

施していたという。ここで著者は、国防軍のユダヤ人観はSDの「特別行動隊」(Einsatzgruppe) やナチス党のそれと異なることはなかった、と断定する。

第四章「将軍と兵士」で、ヒトラーと国防軍首脳との政策的・思想的相違は戦後言われるほど大きなものではなく、また下級将校・下士官・兵の意識も、一九九〇年代に進んだ個人史研究によって、対ソ戦を反ユダヤ・反ボルシェヴィキのイデオロギー的人種戦争とする観念が浸透していたとしている。

第五章「〝手のきれいな国防軍〟の神話」では、第二次世界大戦後の国防軍免責論の生成過程が概説されている。ここでは当然ながら、ニュルンベルク裁判と米ソ間の冷戦の進行が不可欠の背景となる。ニュルンベルク裁判の判決で、国防軍とドイツ参謀本部はSSのような犯罪機構ではなかったと結論された。そして、元参謀総長フランツ・ハルダーを中心とする旧軍人達による大戦史研究と彼らの回顧録の刊行によって、国防軍免責の作業が組織的に行われた。ここでは作戦上の失敗はすべてヒトラーの責任とされ、ソ連やバルカンでの国際法違反の残虐行為もすべてSSやナチス党機関によるものとされた。この、大戦直後から一九五〇年代にかけての西ドイツでの旧軍人による回顧録の洪水と、国防軍免責論の生成・定着については、本項前半部で紹介したペッツォルトの著書にくわしい。

第六章「破られるタブー」で、一九六〇年代のアメリカからの押収された旧ドイツ公文書返還に伴う、ドイツ人(無論ここでは西ドイツのこと)自身による第二次世界大戦史研究が始まり、対ソ戦も人種的・略奪的な侵略戦争の性格が濃厚だったことが次第に明らかにされていった。しかし、冷戦の構図は依然として存在し、西ドイツ連邦軍の中核となったのも旧国防軍出身者であったために、国防軍神話による各種のタブー、ことに徴兵忌避者の問題とかソ連での国防軍による残虐行為の問題についての挑戦は、やっと東西両ドイツの統一後になってから本格化した、と著者は結論している。(注12)

第七章「結び」で、以上のような国防軍に関する問題点の整理によって、対ソ戦争が決して旧軍人達が主張して流布したような〝普通の戦争〟ではなかったこと、そしてソ連での国防軍による残虐行為も決してソ連側によるパルチザン戦への対抗措置として生じたのではなく、歴史的なドイツ軍部内での反ユダヤ・反ロシア・反ボルシェヴィキの伝統にまで遡及して考えざるを得ないこと、またヒトラーによる対ソ絶滅戦争に国防軍が積極的に賛同し、戦後は冷戦の進行過程で西ドイツ国内で旧軍人達によって国防軍免責神話が生み出されて定着し、そのタブーの打破こそが今後の研究の課題であるとしている。(注13)

したがってヴェッテの著書は今日の時点での近現代ドイツ軍事史上の論点を整理したもので、先に挙げたペツォルトによる整理に比べると、資料的にもずっと恵まれた環境からの発言であり、これからの研究に大きな展望を示した内容となっている。だが問題にしたい部分もある。

その第一として、第二次世界大戦、特に対ソ戦での国防軍による残虐行為は、本当に伝統的なドイツ軍部内の反ユダヤ・反ボルシェヴィキの観念と直結するものなのかどうか。それは、かつて第一次世界大戦前の時代、ヨーロッパ諸国の軍部内の反ユダヤ主義は、たとえばフランスのドレフュス事件に見られるように、かなり一般的であり、ドイツ軍部で特有の現象だったとは言えないだろう。これまでのヒトラー研究においてしばしば問題となる研究姿勢として、ドイツ史上から何でもヒトラーの先駆となりそうな例を見つけ出してきて、それをただちにヒトラー現象に結びつけるというやり方に陥るおそれはないか。また国防軍が〝手を汚していた〟としても、それでただちにＳＳやＳＤ同様の犯罪的組織の中に分類することは可能なのかどうか。また、反ヒトラー抵抗運動に加わった軍人のかなり多くが、ソ連でのＳＳなどによる残虐行為にショックを受けたことがきっかけとなっている点をどう考えればよいのか。

総括

以上挙げた、ほぼ同じ主題を扱った最近のドイツでの研究から浮かび上がる問題点と展望を整理してみると、一応次のようになろう。

まず戦後の東西両ドイツ史学において、それぞれ異なる環境のもとでそれぞれに研究上のタブーが存在したこと。それは西ドイツ側では国防軍による国際法違反の残虐行為と反ユダヤ主義的政策、ひいては国防軍がヒトラーおよびナチス党のイデオロギーとかなり深い親近性を抱いていたこと。そして、対ソ戦争が決して〝普通の戦争〟ではなく、最初から国防軍はヒトラーやＳＳとともに、イデオロギー的聖戦として臨み、略奪戦争・侵略戦争としての性格は否定しがたいことである。これは無論、終戦直前にドイツ本土に侵入してきたソ連軍将兵による殺人・暴行・略奪、そして一二〇〇万人と言われる東部ドイツ人の強制的な本国移住（今でもドイツではこれを「狩り立て」――Vertreibung――と呼んでいる）というソ連に対する原体験と、戦後の西ベルリン封鎖に始まる西ドイツ国民ならではの冷戦体験と直結させる時、対ソ戦を正当化して国防軍を潔白の状態に置くことは西ドイツ世論の支持なしにはあり得なかった。

しかしその結果、国防軍の免責は反ユダヤ王義の問題や残虐行為への加担の問題以外に、おそらく旧軍人達に最も関心があったであろう純軍事の問題でもヒトラーの過干渉による作戦の失敗、ひいては戦争全体の失敗、との結論に第二次世界大戦史研究を落ち着かせることになった。(注14)

これに対して東ドイツ側のタブーとは言うまでもなく、第二次世界大戦をめぐるソ連とスターリンの政策、そして戦争指導についてである。ひたすらソ連の定めた枠内での発言のために、独ソ不可侵条約付属秘密議定書をめぐる問題や独ソ戦緒戦期のソ連側の大敗についての究明が全くなされず、第二次世界大戦史研究に大きな欠落を残したまま東西ドイツ統一を迎えてしまった。したがって、冷戦期、東西両ドイツとその背後にいた米ソ両国の史学は、これらの互いの研究上のタブーを逆に相手を攻撃するための武器として用いたと言ってよいだろう。冷戦の終結と東西両ドイツの統一によってやっとこれらのタブーは解けたが、具体的な研究の本格化はこれから、というのが結論とすべきではあるまいか。

二　Gerd R. Ueberschär/Winfried Vogel, Dienen und Verdienen : Hitlers Geschenke an seine Eliten

（ゲルト・ユーバーシェア／ヴァンフリート・フォーゲル共著『御恩と奉公：エリート達へのヒトラーの贈与』）

（一）

ヒトラーと第二次世界大戦に関して、これまで汗牛充棟と言えるほどの資料と研究が公けにされていながら、実は何か大きな見落としあるいは重大な欠落があったのではないかとして、もう一度原点に立ち返って概観する必要のある主題が存在する。たとえば旧ドイツ軍関係者達が、戦後その証言や回顧録において、いかに自分が戦時中にヒトラーと〝激論を交わした〟、あるいは〝反対した〟かを力説していることを挙げればよい。しかしここで問題にするのは、これら戦後の自己弁護の当否ではない。問題なのは、寸刻を争う作戦指導において、なぜ軍人達は結局最後には素人的なヒトラーの決断に押し切られ、それに追随してしまったのか、なのである。

ところが今日までの研究は、これらの自己弁護の資料から出発せざるを得なかったため、知らず知らずのうちに、ヒトラーの狂信には逆らえなかったとか、独裁体制下の環境のせいということで、そもそもの研究の原点からある種の狂いを生じていたのではないかと反省せざるを得ない。本書はそのような意味で、ヒトラーとナチス・エリート達、特に軍人達との関係について、全く新しい角度からの光をあてた調査と追求である。

著者ゲルト・ユーバーシェーアは、一九四三年生まれのドイツの軍事史家で、フライブルク連邦軍事史研究所研究員として、そしてフライブルク大学講師として、特に第二次世界大戦の独ソ戦について多くの業績を公けにしている。二、三を挙げると、『バルバロッサ作戦――ドイツのソ連奇襲一九四一年――』（W・ヴェッテと共編・一九八四年）、『ドイツのソ連攻撃一九四一年』（レフ・ベジメンスキーと共編・一九九八年）などがある。共著者のヴィンフリート・フォーゲルは、元ドイツ連邦軍准将で、一九九七年に退役した。著書には『一八六四年の決断・デュッペル要塞戦』（一九八七年）がある。

本書の構成は、「緒言」、第一章「下賜金と贈与の歴史」、第二章「ヴァイマル共和国及び一九三九年までの下賜金・補助金・贈与」、第三章「戦時中の下賜金」、第四章「月例の特別贈与」、第五章「ヒトラーの気前良さの代表例」、第六章「終戦後――ニュルンベルク裁判での不当利得告発と回顧録での証言――」、「資料」となっている。以下、内容に即して紹介と検討を試みたい。

（二）

まず「緒言」で述べられている本書の目的が興味をそそる。内容は一二年間のヒトラー政権期、ことに戦時中の国家の各種エリートに対する内密の贈与（現物と現金）の実態調査と、このいわば〝上からの買収〟という組織的かつ構造的な腐敗の追及であり、このヒトラーによる買収の結果、各種のナチス・エリート達（政治家・党幹部・作家・芸術家・軍人・官僚・スポーツ選手など）のナチス体制との本当の係わり方の探究である。著者達が述べているように、戦後の西ドイツ時代にこの件は、これまでほとんど問題にされてこなかったことが、そもそも問題である。同時に、ゲーリング以下ナチス幹部達の職権を濫用した有名な腐敗の例の場合と異なり、ヒトラーからの贈与という事実そのものが、これまで秘密に包まれていた。だから、まず実態の解明から始めざるを得ない問題であるとしている。

第一章「下賜金と贈与の歴史」（原著で使用されている Dotationとは「寄付」の意味だが、無論ここでは君主から臣下に下賜される現金や現物あるいは領地のことを指し、そのため本項ではあえて「下賜金」という語で統一する）では、神聖ローマ皇帝やナポレオン、あるいはプロイセン国王による功臣達、特に軍人への下賜金の例が紹介されている。特にプロイセンでの普墺・普仏両戦役後の軍人達への下賜金の大盤振る舞いの実態が紹介され、これが本書のいわば〝枕〟となっている。すなわち、ヒトラーと軍人達との関係も、この慣習にのっとったものではないかと指摘している。

第二章「ヴァイマル共和国及び一九三九年までの下賜金・補助金・贈与」では、君主制と貴族制の消滅した一九一九年以降、第二次世界大戦が始まる一九三九年までのいわゆる両大戦間期の下賜金と現物贈与の実情について、その最も極端な例を追求している。民主的憲法が有効だったヴァイマル共和国では、当然恣意的な下賜金などはあり得なかったが、それでも大統領と首相に自由裁量予算が認められていた。ただしこれは決して機密費ではなく、会計検査院と国会による監査を必要とする。そしてヒトラーは、一九三四年のヒンデンブルクの死後、自分の財源としてまずこの両方を手中にする。無論、独裁体制の成立によって外部からの監査は存在しなくなり、ヒトラーによる恣意的な現金下賜の道が開けた。

その後、ヒトラーの著書および演説集の印税と、切手の肖像使用料が「総統自由裁量金」として、主として内閣官房長ハンス・ラマース（Hans Heinrich Lammers）と党官房長ボルマン（Martin Ludwig Bormann）、そして副官長ルドルフ・シュムントが管理にあたり、金額自体も拡大し、対象となる授与者の範囲も拡大していった。その点の追跡調査については本章と次章にくわしいし、これらは評者にとってもほとんど初見の事実である。

問題とすべきなのは、本書で取り上げられている一九三三年のヒトラーからのヒンデンブルクへの、ノイデック荘園に隣接する別の荘園の購入費とその免税措置、さらに一九三五年の元帥マッケンゼン（August von Mackensen）への荘園の国費による贈呈である。著者達によると、ヒンデンブルクの場合は、一九三三年のヒトラーによる全政党禁止措置の承認のため、そしてマッケンゼンの場合は、一九三四年のいわゆる〝血の粛清〟でのナチスによるシュライヒャーとブレドウ（Ferdinand von Bredow）両将軍射殺の事後承認のねらいがあったとしている。ヒトラーの本当の目的が、何であったかは完全にはわからない。しかし、帝政期の二人の元帥が皇帝からではなく、ヒトラーから領地を贈られて狂喜した、という事実は、前章で触れられているプロイセン時代の下賜の伝統の復活という風に理解すべきなのか、それともヒトラーによる一種の政治的配慮と考えるべきなのであろうか、考えさせられる問題である。

同じ問題は、次の第三章「戦時中の下賜金」でもつきあたる。本章は、ヒトラーからの下賜金が該当者・金額ともに激増した一九三九年九月の第二次世界大戦勃発後の時期のヒトラーによる下賜金贈呈と、その事務上の手続きの実態についてせまった内容である。第二次世界大戦の開始にあたり、ヒトラーが各種の武功勲章を制定し、また一九四〇年七月に対仏戦勝記念として、元帥・上級大将を量産して軍人達の歓心を買おうとしたことはよく知られている。ここで著者達は、元ヒトラーの副官ゲルハルト・エンゲル（Gerhard Engel）の証言を借りてヒトラーの動機を説明する。

ヒトラーは、将軍達の一人も国民社会主義者に改宗させることはできなかった。だが彼は自分の政治指導に必要な、国家の指導部に完全に服従して盲目的にその命令を実行する将軍と将校を得ることができた。もし国家の指導者からの表彰が約束されている場合は、誰にとっても自分の内なる信念に逆らうのは容易なことだったろう。

だが今日から見て、将軍達が一人もヒトラー主義に改宗しなかったなどとは言えないだろうから、ヒトラーの狙いが単なる軍部の抱き込みにあったとは、即断し難い問題である。しかし、ともかく本章で興味深いのは、戦時中に多数の政府閣僚・党幹部・軍人達が争って、ヒトラーからの下賜金の恩恵に浴そうとして運動したことである。これが、かつての君主からの下賜の伝統の当然の継承と考えられてのことと見なすべきなのか、それとも単なるナチス体制エリート達の腐敗の現れとして片づけるべきなのかは、判断がむずかしい。しかし、戦時中の構造的腐敗の事務的側面を明らかにしている点は、大いに注目されるべきだろう。

第四章「月例の特別贈与」は短い章だが、ここではヒトラー体制下の高級軍人と官僚に公式の俸給表のほかに、秘密裡にヒトラーの個人裁量資金から本俸の二倍近い特別手当が無税で支給され、しかもその事務はナチス体制が崩壊に瀕した一九四五年四月においても、なお遂行されていた。さらにここで紹介されている、多くの受給者達、特に軍人の家族から、空襲と占領による被災のため疎開先で受給できるようにしてほしいとの問い合わせが殺到したという事実は、まさに構造的腐敗の極致というべきであろう。

第五章「ヒトラーの気前良さの代表例」（原著ではGefreudigkeitという語が使用されており、これは「喜ばせること」という意味になるが、本項では内容の意味を採って

〝気前良さ〟として紹介する）は、本書の半分近くを占め、特に戦時中にヒトラーからどれほどの規模で現金や現物（領地も含む）が給付されたかについて、具体例を挙げて実態解明にせまったものであり、ここで著者達は多数の有名なナチス閣僚、たとえば外相のリッベントロップ（Joachin von Ribbentrop）や経済相フンク（Walther Emanuel Funk）、あるいは東部占領相ローゼンベルク（Alfred Rosenberg）などへの、それぞれ二五万マルクを下らないヒトラーからの現金贈与の事実を逐一列挙している。また高額の現金贈与の恩恵に与ったのは、それ以外にも有名な彫刻家アルノ・ブレーカー（Arno Breker）やSA幕僚長ルッツェ（Viktor Lutze）など、相当広い範囲におよぶ。これらヒトラーからの内密の下賜金贈与の事実は、なるほどナチス体制の構造的腐敗の実態をこれまでになく照射したものであって、それなりに注目すべき内容ではある。しかし本章の最大の注目点は（少なくとも評者からすると）、戦時中の軍人達（武装SSも含む）に下賜された巨額の現金の意味なのである。以下、この点について本章に挙げられた実例とともに検証していく。

まずその極端な例として、元帥リッター・フォン・レープの場合を取り上げねばならない。レープは、バイエルン出身で、対ソ戦では北方軍集団司令官になったが、作戦指導をめぐってヒトラーと対立し、一九四二年一月にみずから退任を申し出て、その後軍籍からも退いてしまった。すでに戦前からレープは、ヒトラーとナチス体制には批判的であり、戦後も硬派の軍人と見られてきた（特に一九七六年に刊行されたゲオルク・マイヤーの編集になるレープ日記と伝記）。しかしレープは、一九四一年九月に前線の司令部で、不意に訪問してきたヒトラーの副官長シュムントから二五万マルクの小切手を贈られている。ただしこれは、いかに額が大きくとも（当時のマルクは二〇〇〇年時点の約一〇倍で、邦貨に換算すると一億円以上になる）、ヒトラーからの唐突で一方的な押しつけだった、と見られなくもない。

問題なのは、退役した後のレープが一九四三年になって、田舎に手頃な地所を購入するため、内閣官房長ラマースにヒトラーからの下賜金交付を申請して、ヒトラーがわざわざバイエルンのナチス党大管区長に地所の調査を命じ、結局国有地二一一ヘクタールの取得代金として、ヒトラーから別途に六六万マルクが交付された事実である。しかもこの地所は、戦後の現在まで依然としてレープ家の所有であり、同家は今も返還の意思なし、と言われる。

レープと並んで別の極端な例は、〝機甲戦術の始祖〟として世界的に有名なハインツ・グデーリアンの場合である。グデーリアンは、一九四一年十二月、モスクワ攻防戦の指揮をめぐってヒトラーから解任され、その後一九四三年二月に新設の「機甲兵総監」として復職するまで休職中だった。ところがヒトラーは、休職中のグデーリアンのために、一九三九年以来ドイツ領に編入されていた旧ポーランド領ヴァルテラントに農場を購入させ、そのための費用一二四万マルクを総統基金から下賜している。しかも、この農場の元の所有者であるポーランド人地主を、強制的に退去させてのことである。

これ以外にも多数の高級将校が、ヒトラーからの内密の下賜金を交付されて、広大な農場取得に成功した例、しかもそのかなり多くの場合が、他からの推薦やヒトラーからの発意ではなく、軍人の方からの申請であった事実が列挙されている。ともかくここから、著者達の試みた仮説を紹介したい。それは、一九四一年末に解任されるまでのグデーリアンは、作戦指揮についてヒトラーに直言する硬骨の武将だった。ところが、一九四四年七月二十日事件発生のその日に参謀総長に任じられてからは、同事件に連座した軍人達の追放のための軍の「名誉法廷」で判士をつとめ、さらに一九四五年三月末の退任の時まで、ヒトラーの作戦指導にほとんど追随してしまうという豹変ぶりの背景に、ヒトラーからの下賜金の大盤振る舞いの効果があったのではないか、としている。これは極めて興味深い仮説であり、今日まで野戦部隊出身で参謀畑とは無縁のグデーリアンが、にわかにこの時点で参謀総長に任じられたことについて、誰も明確な理由付けに成功していないことからすると、本当の背景は案外ここにあったとも考えられる。

第六章「終戦後――ニュルンベルク裁判での不当利得告発と回顧録での証言――」では、ヒトラーからの下賜金の存在が明らかにされた、戦後のニュルンベルク裁判での、ナチス体制下のエリートであった被告達の弁解が紹介されている。その中で先に挙げたレープの弁解は引用に値する。すなわちレープはヒトラーからの下賜金を、「国民社会主義党の党首としてではなく、むしろ国家元首による国法上の行為として執行されたものであって、そのため受贈者は決してナチス体制からの受益者ではあり得ない」と主張している。このような見え透いた言い訳と、前述のレープ家が現在まで問題の地所を所有している事実からして、ドイツの軍人達のモラルがどの程度のものであったのか、ここで絶対に再考が必要となろう。すなわち、ドイツことにプロイセンの軍人達を取り上げる際、その政治的な態度や思想は問題になっても、賄賂あるいは買収に関してはほとんど閑却され、無視されてきたのが実状ではなかったか。

（三）

以上、極めて駆け足で内容の検討を試みた。最後に評者なりの感想と疑問について二、三挙げてみる。本書は政治史もしくは経済史に分類されるべき内容と言えるが、二人の著者がともに軍事史家であることからも明らかなように、ナチス体制の腐敗の暴露や告発以上の問題を提起している。

第一にヒトラーの戦争指導上の問題として、このような買収によってヒトラーは、現実の作戦指導において軍人達の反論をどの程度まで封じることができたのか。これは著者達も一応は問題にしているが、もっと究明されるべきだろう。

次にプロイセン＝ドイツ軍事史上の問題として、本書第一章で紹介されたプロイセン時代の君主からの各種の下賜と、ヒトラーによる贈与が同じ性格のもの、すなわち一種の「御恩と奉公」（本書の原題）と見なされていたのか、という点である。さらにそこから、これまで清廉とか簡素とかの美徳のイメージに包まれ、その政治上の思想はどうあれ、こと金銭については潔白であったかのようなプロイセン軍人の本当の姿は一体どうであったのか、という問題も浮上する。また逆に、ヒトラーについても問題が浮上する。それは彼が常々貴族階層への反感を公言し、軍部への不満を洩らし、将来の国防軍は武装ＳＳによって〝世界観的軍隊〟へと改変させるつもりだったと言うなら、このような軍首脳の現金による抱き込みの意図は那辺にあったのか、という点である。

著者達はヒトラーの動機の一つとして、将来のナチス国家での新貴族階級の創出のため、新たに併合した東部の領土に地主として入植させるつもりだったのではないかとしている。なるほどそうかもしれない。だが著者達の調査によると、多数の「旧」貴族層に属する軍人達もまたヒトラーからの恩恵に与っているのであり、ヒトラーの構想する新貴族層とは一体どんな類のものであったのか、それともヒトラーは、単に昔の君主のように気前良く恩賞をばらまくことに快感を感じていただけなのか。

そしてまた、軍部による反ヒトラー抵抗運動との関係でも新たな問題が浮かぶ。ヴィッツレーベンやベックなど反ヒトラー派の諸将はこのヒトラーからの買収と無縁の存在であったのかどうか。逆に下賜金の交付を受けた諸将と抵抗派との関係をどう考えるべきなのか。

こうして、次々と新しい疑問も湧きだしてくるが、とにかくヒトラーとナチス・エリート、ことに軍人との関係についてこれまでほとんど知られていなかった側面を完全ではないにしても、はなはだ綿密な調査によって白日のもとに晒した点は大いに評価されるべきことではないだろうか。

《付録資料》「ヒンメロート意見書」にみる西ドイツ再軍備

――西ドイツ再軍備のための軍事専門家委員会による提言――

解説

一九四五年五月のドイツの降伏は、国土の完全占領と国家それ自体の消滅、そして国防軍以下全武装兵力の完全解体を意味した。そして当分の間は、再軍備はおろか、ドイツ国家の創設すら考慮の外とされた。だがほかならぬこのドイツ処理の問題をめぐってアメリカとソ連の対立は激化して、すぐに冷戦という事態に移行する。そして冷戦の激化は、やがて一九四九年の東西両ドイツ国家の分立という状態を生み出した。

だがこのような情勢の中でも、ドイツの具体的な再軍備についてはドイツ国内の世論も、そして外国、特にフランス側から強い拒絶反応があり、再軍備実現は遠い目標と思われていた。しかし、一九五〇年六月の朝鮮戦争の勃発は、にわかにドイツ国内世論と西側連合国の間での、ヨーロッパ共同防衛へのドイツの貢献が問題視されるにいたり、時の西ドイツ首相コンラット・アデナウアーは自分の軍事問題顧問である、元中将ハンス・シュパイデルとアドルフ・ホイジンガーに再軍備のための具体策の検討を命じた。この要請によって、一九五〇年十月五日から九日まで、急拠集められた旧ドイツ国防軍軍人一五人がカトリック・シトー会のヒンメロート修道院に参集し、作成して提出したのがこの「ヒンメロート意見書」と呼ばれる文書である。

この文書の意味は、これから五年後に正式に発足する西ドイツ連邦軍の大枠と内容がほぼ出そろっていることと、参加者のうちの半数が後の連邦軍の高官として現役復帰していることである。内容の詳細な検討はここでは省くが、とにかく旧軍とは全く体制を一新したものを創設しようとの意図は十分くみ取れる一方で、新軍の幹部はやはり旧軍人からの募集を目処としている点、やはり一種の旧軍人達の就職運動と解釈することができる。敗戦後の内外からの反軍的雰囲気の中にあって、かつての軍事エリート達の苦しい生計の救済には、どのような形式と内容であるにせよ、再軍備しかなかったということである。

ただし再軍備の推進と完成図は、日本の場合と大きく異なる。ヨーロッパの中央に位置し、常に周囲の諸国との関係に過敏でなければならなかったドイツにとっては、まず何よりも戦勝諸国の賛同が必要であった。そのため、外見上の旧軍との相違は極力強調せざるを得なかった。この点が、周囲の諸国のことをほとんど顧慮する必要がなく、むしろアメリカからの要請によって再軍備に乗り出した日本の場合と大きく異なる点でもある。

原文は Militärgeschichtliche Mitteilungen (hrg. v. Militärgeschichtlichen Forschungsamt), Heft21, 1/1977 所載のものを使用した。なお紙幅の理由から、軍事技術の専門事項に関するⅢ.「ＤＫ」の組織とⅣ.「訓練」の章は割愛せざるを得なかった。ご了承を請う。

専門家委員会参加者

陸軍　ハインリッヒ・フィーティングホーフ＝シェール（Heinrich Gottfried Otto Richard von Vietinghoff genannt Scheel：元上級大将・C軍集団司令官）、フリードリッヒ・フォン・ゼンガー・ウント・エテルリン（Friedrich von Zenger und Etelrin：元機甲兵大将・第一四機甲軍団長）、ヘルマン・フェルチュ（Hermann Förtsch：元歩兵大将・軍司令官）、ハンス・レティガー（Hans Retiger：元機甲兵大将・C軍集団参謀長、連邦軍中将・陸軍総監）、アドルフ・ホイジンガー（元中将・参謀本部作戦課長、連邦軍大将・連邦軍総監）、ハンス・シュパイデル（元中将・B軍集団参謀長、連邦軍大将・ＮＡＴＯ中欧地上軍司令官）、エーベルハルト・グラーフ・フォン・ノスティッツ（Eberhard Graf von Nostiz：元大佐・第二機甲軍参謀長、連邦軍准将）、ヨーハン・アドルフ・グラーフ・フォン・キールマンゼグ（元大佐・第一一機甲擲弾兵連隊長、連邦軍大将・ＮＡＴＯ中欧軍司令官）、ヴォルフ・グラーフ・フォン・バウディシン（Wolf Graf von Baudisin：元少佐・アフリカ軍団左参謀、連邦軍中将）

空軍　ロベルト・クナウス（Robert Knauss：元大将・空軍大学校長）、ルドルフ・マイスター（Rudolf Meister：元大将・空軍人事局長）、ホルスト・クリューガー（Holst krüger：元少佐、連邦軍少将）

海軍　ヴァルター・グラディシュ（Walter Gradisch：元大将・ベルリン軍法会議議長）、シュルツェ＝ヒンリクス（Schul = Hinrichs：元大佐・海軍大学教官）、フリードリッヒ・ルーゲ（Friedrich Ruge：元中将・造船局長、連邦

軍大将・海軍総監）

資料

――一九五〇年十月九日付け　西ヨーロッパ防衛のための超国家的軍隊の枠内でのドイツ兵力分担（DK）の編成に関する軍事専門家委員会の意見書――

（一）軍事政策上の基礎と前提

ドイツの軍事政策的な状況は、歴史上かつてないほど不利である。だがそれも西側諸国によるニューヨーク会談での長期的な安全保障声明――とりあえずは西ドイツ連邦共和国とベルリンについてのみであるが――によって、根本的な変化をとげている。この理論上の安全保障声明はしかしながら、何等の具体的な成果も挙げていない。表明された軍隊は、その数量と内部結束力（フランスとベネルックス三国による貢献）の点で、西ドイツひいてはヨーロッパの安全を確実にするにはいたっていない。西側諸国から要求されたドイツ人による部隊の編成を可能にするような保障もまだない。だがそれは不可欠なのである。ドイツに駐留する西ヨーロッパ諸国軍は、東ドイツ地区に駐屯する赤軍による奇襲攻撃（たとえ総合的で明白な開進準備なしでも）を不可能にして、決定的な一撃を求めるような攻撃はソ連にとって冒険を意味する、というところまで強化されねばならない。

防衛が強化されれば、それだけソ連に攻撃的政策を唆《そそのか》すおそれは減少し、よって平和維持が確実となる。

ヨーロッパ・大西洋防衛における大きな欠陥とは、ドイツ国民が兵力増強のための軍事的能力を十分にもつものの、広範な部分で軍事的意志に欠けていることである。ドイツ国民は西側の自由の理念については理解しているものの、そのために犠牲を払うということについては、まだ内部での準備ができていない。過去五年間、国家と人間存在の多くの面での中傷によって、国土防衛の意志とその考え方自体が組織的に貶められてきた。

かかる状況は、もしドイツ国民に自由と同権の概念がとりもどされ、それが当たり前の生活感覚になっているとしたら、容易に反論され得る。もし完全な自由を享受しているのなら――まさしく東側を考慮すると――、その理想と現実のために出撃するようになるだろう。もしそうなれば、さらには東ドイツと「衛星諸国」へ誘引力を及ぼすことにもなろう。

以下に挙げる諸前提は、政治・軍事・心理の各分野で必須のものとなろう。

（ア）西側諸国について

政治面

西ドイツ連邦共和国の完全な主権の獲得と、それによる唯一の全ドイツ（一九三七年の国境内での）政府としてニューヨークでの認知。連合国管理理事会諸法令と非武装化についてのその他の諸命令のうち、国土防衛に関する限りのものの廃止。シュトラスブルクの連合国閣僚理事会への西ドイツ政府代表の受け入れ。

軍事面

ヨーロッパ・大西洋共同体の枠内での西ドイツ連邦共和国の軍事的対等。たとえ政治と経済の分野での完全な主権が達成されていなくとも、軍事的対等はただちに必要。「セカンドド・クラス」の軍人では必要な道徳力をもつことはできない。ドイツの国土、たとえばライン河を予定した主要防禦のための前地と見なされてはならない。他の諸国と対等の、独自の戦術空軍と沿岸警備隊を含む、最低限軍団規模の近代的部隊の編成。ヨーロッパ・大西洋最高司令部内での対等の扱い。ドイツの再建に見合うものである、との了解が得られるよう、西ヨーロッパ諸国の指導目標をすぐに連絡すること。大戦でのロシア人「補充兵」のように、西側諸国軍の中にドイツ人の小部隊を編入することは一切拒否。パルチザン戦という形での安全保障への貢献という可能性は排除。ドイツの国民、ドイツの地形、そして国境維持にとって、このような戦闘法は不適。航空攻撃に対する西ドイツ地域の防衛。

心理面

西側各国政府代表の声明によるドイツ軍人の復権（管理法令やその他の法令による中傷の停止）。戦争犯罪人として有罪宣告されたドイツ人の釈放、ただし当人が単に命令によって行動しただけで、しかも旧ドイツ国法の罰則規定にも違反しない者に限る。現在、宙に浮いている訴訟の停止。これの達成には段階を必要としようが、部隊編成以前にまず目に見える開始がなされるべきである。シュパンダウの既決囚（とりわけ二人の軍人）の件も取り上げられるべきである。旧ドイツ軍人（国防軍の枠内でかつて武装ＳＳに参加した者も含む）へのあらゆる中傷の停止と、ドイツ内外での世論の転換のための措置。現に西ドイツ地域にあり、これからも補充される西側諸国軍は「管理」の状態から離れて、治外法権化さるべきである。そうやってこそ、ドイツ兵力分担（訳註：これは将来のドイツ連邦軍のこと。以下ＤＫで表示）にヨーロッパ統合軍の組織上不利に作用しかねない「主従コンプレックス」を根本から対処できる。連合軍部隊による心理上有害な措置（たとえばヘリゴランドその他での砲撃）の中止。

（イ）西ドイツ政府のための提言

政治面

汎ヨーロッパ思想とともに、ドイツ国民連邦大統領によって代表される――へのドイツ軍人の責務を強調する。それは、ヨーロッパ連合がいまだ超国家的形態に至っていないため。一方では国民としての責務、他方でヨーロッパ・大西洋最高司令部への参加を通じ、西ドイツ政府がＤＫに対して影響力をおよぼすことができる。ＤＫの出動はヨーロッパ内に限る。連邦の防衛に係わるすべての措置と法規は連邦の管轄事項とする。連邦議会と同参議院での審議によって画定したこの分野の連邦法は州法に優先する。ＤＫ建設のため、反対派と労働組合の同意が当然の前提である。国土防衛の気持ちは全国民がもたねばならない。民主主義を侵害するようなあらゆる要素を断固として駆除し、始動中のＤＫ建設作業を内側から防衛し、ドイツ国民への啓蒙活動を計画的に開始する。

軍事面

武装軍（対外安全保障）の建設と警察（国内治安維持）との明確な分離。

心理面

連邦政府と国民代表の両方による旧ドイツ軍人の名誉回復表明。新旧軍人とその遺族扶養の法制化。これは他の公務員と同等の権利。

（二）連邦共和国の作戦的状況についての基本的考察

現に西ヨーロッパ（西ドイツも含む）にある作戦的状況こそ、ＤＫと西ヨーロッパ防衛を考える上での基礎とされねばならない。ここでは以下の認識が絶対に必要である。

（ア）ヨーロッパ地域でのソヴィエトの軍事的優勢

ソヴィエト側が東ドイツ地域に配備している常時出撃可能な兵力は、機甲・機械化師団二二個以上、戦車・突撃砲約六、〇〇〇両、空軍約一、八〇〇機――うちジェット戦闘機五五〇機である。さらにポーランド領内に二個、オーストリア領内に三個、バルカンに三から四個師団を配備し、これにポーランド、チェコスロヴァキア、ハンガリー、ルーマニア、ブルガリアの衛星諸国軍約五〇個師団が加わる。ただし、この諸国軍が近代装備をもって出撃可能かどうかについてはまだ問題がある。それでも小規模の戦闘や防禦任務には使える。

ソヴィエトはその国内の手持ちの予備から動員なしでも、随時約六〇個師団分の戦力を増強して、西ヨーロッパとバルカンへの即時出撃が可能である。ソヴィエト側にはさらに、近東に対して三〇個師団、スカンジナヴィアに対して二〇個師団、それに極東に二五個師団を保有している。もし動員すれば、この数は倍増しよう。西ヨーロッパへの増強のための運搬には、ポーランドを通る五個の鉄道線があり、これによってほぼ二〜三日以内にそれぞれ五個師団ずつの搬送が可能である。

航空作戦の面では、ソヴィエト側は総保有機二万五〇〇〇機があり、そのうち平時でも出撃態勢にある航空機を地上作戦支援のために投入するであろうし、また強力な落下傘部隊の出撃という形もあり得る。

海上作戦の面では、ソヴィエト側は潜水艦（総数約三〇〇隻、うちバルト海と北極海におそらく二〇〇隻）の使用を模索するだろう。だが近代型はせいぜい三分の一と思われる。

純軍事面からは、ソヴィエト側は長期的な準備なしでも随時西ヨーロッパ攻撃が可能である。その際のソヴィエト側が受けるであろう困難とは、国内の燃料貯蔵の悪化・西側空軍によるポーランド国内の輸送体制への攻撃による増援と補給の危機の発生である。

西ヨーロッパに対するソヴィエト側の作戦とは、ナルビクからピレネーまでの全大西洋沿岸の早急な占領と、コルシカ－シチリア－スエズの線までの地中海地域の占領にあるのはまちがいない。もしこの線まで到達すれば、ソヴィエト側はそれ以上の展開を安心しで期待できるような情勢を創出することができる。それは、西側が反撃のために使用可能な基地を奪われるからであり、逆にもしこれらの目標に到達できなければ、ソヴィエト側は早晩、アメリカの圧倒的な軍事力によって屈伏させられよう。

ソヴィエト側がいつどうやって西ヨーロッパ攻撃に着手するかは、多分に以下の諸要因にかかっている。すなわち、西ヨーロッパ諸国の政治情勢・ロシア本国の経済状態・原爆開発・西ヨーロッパの軍事情勢。ソヴィエト側は決断のむずかしさは認識しており、無分別な行動に出ることはあるまい。だが彼らが、今こそ行動すべし、と確信するような瞬間が来ることはありうる。

（イ）西欧防衛にとっての作戦的諸条件

このようなソヴィエト側の可能性に対して、現在の西欧防衛はまったく不充分と言わざるを得ない。ここで以上の事実から最終的な結論を引き出すとすれば、まず第一に防衛を指導すべき共同作戦計画の必要性である。この計画は総合防衛の枠内での西ヨーロッパ諸国の軍事的任務と、アメリカによる軍事的支援を確実にするものでなければならない。この任務によって、各国の戦力が算出され、編成され装備さるべきである。これはまたドイツ防衛にも適用されねばならない。

かかる計画の基本として、以下の点の確認を要する。

1. 西ヨーロッパ地域は、できるだけ東方で防衛されねばならない。自動車と飛行機の時代にあっては、最初から作戦的縦深に不足している。これ以上は寸土たりとも喪失するのは危険なことであり、それはヨーロッパ諸国民への心理的作用を別としてもである。

2. 防衛準備は短期間に確保されねばならない。なぜならソヴィエトによる攻撃の危険性は、恐らく今後二年間はアメリカの原爆保有での優位のために切迫していないと思われるが、それでもいつ何時あるやもしれない。さらに認識しておかねばならないのは、全体主義体制は奇襲的開戦が可能であり、それによって戦争開始にあたってはソヴィエト側に先手の優位があり、彼らに有利であるということである。

3. 防衛の作戦的重点は、以下でなければならない：ダーダネルス海峡、ダグリアメント―アルプス―南ドイツ地域、シュレスヴィッヒ・ホルシュタイン―デンマーク―南スカンジナヴィア地域。その理由：ダーダネルス海峡はソヴィエト側が黒海から出撃して地中海との海上連絡を実現するのを封じる。それは同時に西側軍の黒海進入を可能にするから。ダグリアメント―アルプス―南ドイツの地域はイタリアを擁護するとともに、西ドイツをめざすソ連軍に対して、きわめて有効な側面脅威になり得る。シュレスヴィッヒ―ホルシュタイン―デンマーク―南スカンジナヴィアは、ソ連側にバルト海の出口を遮断し、バルト海およびソ連軍の北方側面に対する有効な作戦の成功可能性を与える。そればかりか、西側による航空作戦にとっても重要である。この三地域の確保に成功すれば、ソ連側が広い戦線で西ヨーロッパを蹂躙するのは不可能となる。それは、ソ連軍の側面がおびやかされて攻撃集団は分断され、もしくは阻止されるために、まとまった効果が減殺されるからである。

4. 防衛は攻勢に転じられねばならない。いつでも可能な時に、実行可能ならばどこで最初の攻撃を受けてもである。こうすることでソ連側には最大限の効果をおよぼし、注意を喚起させられよう。加えて、ライン河の正面には防衛に適した地形が全くない。チューリンゲン森のむこうはソ連側の手中にある。パッサウからリューベックまでの約八〇〇kmの正面はたとえ五〇個師団をもってしても有効な防禦はできない。可能なのはただ、ライン、エルベの両河の中間地域での機動作戦だけである。そしてマイン河とリューネブルクハイデの中間の地域では一個作戦集団による戦線維持ができれば、南ドイツとシュレスヴィッヒ・ホルシュタインからそれぞれ一個作戦集団を可及的速やかに侵入者への反撃が可能となろう。そして、この戦闘行動は可及的速やかにかつすべての手段をつくして、東ドイツ地域へと延伸させねばならない。同時に、英米空軍の緒戦の行動は地上戦闘の掩護に重点が置かれるべきで、それにはヴァイクセル河の向こうまで伸びているソ連軍の連絡線を破壊し、出撃したソ連師団への攻撃、敵空軍の制圧に投入されるべきである。これに対して、ロシア本国への大規模な航空攻撃は、原子兵器の使用やバクー油田破壊などを例外として、地上でのソ連側の前進が阻止されてはじめてその可能性を考慮することができよう。ゆえに、まず第一に達成されるべきなのは地上での阻止である。北極海と特にバルト海や黒海での西側による潜水艦・快速艇および上陸用部隊の出撃は、その攻勢的性格をソ連側に強調することになる。かかる機動的防禦作戦の意義をソ連側も決して軽視できないだろう。もしソ連側が攻撃を決断しようとしても、以上のことを考慮に入れるなら、用心深くならざるを得ない、と期待してもよい。

5. 防衛はあらゆる形での要塞と遮断線の設置でもって有効な支えとなる。その場所はたとえばチェコ国境、マイン河線、フルダーヴェーザー河線、ザウアーラントそして特にハンブルクの橋頭堡である。

6. 防衛をより大きな形でおびやかすのは住民の避難行動である。この行動はあらゆる方法によって制限させられねばならないし、最低限にまで制限させられねばならないし、啓蒙と宣伝によって、断固たる抑止が必要である。もし西ドイツで何百万人もが動くと、防衛のための軍事行動は、たとえ敵空軍による殲滅的効果を別としても、大幅に麻痺させられ、部隊移動と戦闘行動の大部分が不能となる。〔三〕

(ウ) 防衛の実際上の遂行可能性

このような共同計画の枠内では当然、西ヨーロッパ諸国とアメリカの部隊の任務は首尾一貫したものになる。南方ではイタリアがダグリアメント線の防衛を、北方ではスウェーデン——もし中立を破る場合——とノルウェーがスカンジナヴィア地域の防衛を確保している間に、アルプスからスカゲラック海峡までの中間地帯をさらに四つに区分せねばならない。それは、南ドイツ地域ではアメリカ軍五個師団と四個ドイツ機甲師団が戦闘し、南に向かう最も広い橋頭堡たるシュレスヴィッヒ・ホルシュタイン・デンマーク地域はイギリス軍四個、ドイツ機甲二個、デンマーク二個各師団が配置されるものとする。マイン河からリューネブルクハイデまでの地域には、フランス、ベルギー、オランダの各軍とドイツ機甲四個師団によって、ザール地区へと前進してくるソ連軍を正面で邀撃するものとし、後方支援としてのライン河地区にはスイス、フランス、ベルギー、オランダ軍の大群——合計約三〇個師団——を展開させねばならない。

以上の各軍集団にはそれぞれ相当の航空部隊の投入が必要で、偵察と戦場上空の掩護、そして防空の任にあたる。また沿岸地域での戦闘には海軍部隊の参加が不可欠である。

このヨーロッパ防衛態勢は、エルベ・ライン両河中間の地域に約二五個師団——うちドイツ一二個師団——を戦闘準備として配置することで達成されよう。もしそうなればソ連側はわずかに、東ドイツとポーランドに現存する師団のみによって攻撃に出るしか可能性がなくなるからである。たとえソ連側が攻撃開始前に、これまでより強大な戦力を東ドイツに展開しようと決意しても、それには時間がかかる。この間に西側は、後方のライン河地域にいる三〇個師団の中からより多くの戦力を東方へと転用できるわけで、そうすることでライン東方の防衛がより強化されよう。だがそれでもソ連側がすばやい速度で目標とする大西洋への到達を望むかもしれない。戦争はその第一日目から、予見不能な戦力のもぎ取り競争になろう。だがこの場合の戦争とは、ソ連側によって開始される予防戦争という意味ではない。西ヨーロッパの防衛体制が目に見える形で達成されれば、戦争の危機は大幅に停止されるだろう、との希望がそこから生まれる。ソ連側がそれでもなお戦争に乗り出したなら、編成中のドイツ一二個師団の任務は西ドイツで出撃態勢にある米欧諸国軍一一に〜一四個師団との連繫にある。ライン河地区と、さらにアメリカ本国からの増援軍が到着して反撃に転じるまでの間は、西ドイツは機動的戦闘によって防衛される。西ドイツ駐留の米欧軍二五個師団は機械化された拳であって、それでソ連軍をくいとめ、その支援のもとに後方の米欧軍部隊が反撃のために急行することになろう。

(三) ドイツ兵力分担(DK)の編成(略)

(四) 訓練(略)

(五) 内部構造

(ア) 序言

軍人の訓練で重要なことは、その性格形成と教育である。ヨーロッパ防衛のためのDK編成において、新ドイツ軍の内部構造が当然大きな意味をもつ。この面での立案と方策は、現在のヨーロッパ非常事態に立脚せざるを得ない。過去とは断然異なる新設の軍隊にとって、旧国防軍の形式を手本とすることなく、今日的な全く新しいものを創造しなければならない。その際配慮すべきことは、ここ数年来のドイツ国民の国防への取り組み姿勢が著しく損なわれている点である。

西欧と大西洋諸国の軍隊との緊密な協同の必要性が切に求められる中、DKの内部構造と外面的組織にも十分な同化が求められる一方で、ドイツ国民の軍人に対する態度と感情も計算に入れなければならない。重要なことは、不可欠の新たな内容と気楽な外見をもたせる一方で、同時に世論の中にある因襲的な軍人観からする当然の期待との間の健全な同化の道を見いだすことである。そこで重要なのは長い目で見た新軍建設の精神と原則を確立して、組織の止むを得ない変更に関してもその妥当性を保持することである。

(イ) 政治面

DKの軍人は自主と社会正義の意味での自由を防衛する。これは軍人にとって絶対必要な価値である。ヨーロッパに対する義務の中には、この理念が存在して作用し続けるのであって、あらゆる国民的な束縛に超越する。名称と表章もそれに適合させねばならない。

まずヨーロッパ連帯感をすべてに優先させた上で、健全な祖国愛を保持しなければならない。それによってヨーロッパ理念と財産を守ることは、ドイツの国と家族を守ることでもある。

DKは「国家の中の国家」であってはならない。個人も組織全体も、民主的国家と生活様式に賛成するという内側からの確信をもたねばならない。同時に軍隊としての内部的結束のために、超党派的姿勢が求められる。ここから必然的に、軍務の持続のためには個人の基本的権利を制限しなければならない、ということになる。連邦選挙のための選挙権は、認められねばならない。州選挙のためには、組織の事情を考慮してその都度審査すべきである。市町村選挙については、拒否されるべきである。

被選挙権は、議席保有資格の失効もしくは候補者不在など特別の場合にのみ認められる。政党と労働組合への参加は、現役服務中は停止する(公然とした態度やこれらの職員であってはならない)。それゆえ演説と集会の自由は制限されるべきである。兵舎内での政治集会と煽動は禁止される。公然たる集会への参加は、個人的には許可されよう。結社は非政治的目的のためにのみ許可されるべきで、上官の許しを要する。連邦議会と参議院の安全保障委員会への個人的な請願権は付与されるべきである。

(ウ) 倫理面

軍人は入隊に際して、ヨーロッパと民主国家ドイツへの信仰告白を含む厳粛な責務を宣誓しなければならない。宣誓もしくは厳粛な責務は、国家元首としての連邦大統領と憲法に対するものでなければならない。国防法の公布までは、宣誓および特別法による責務が法的強制力をもたねばならない。これによって、「軍人の責務」の文書的認知が結びつけられねばならない。この「軍人の責務」には、政治的・軍人的諸義務が含まれる。

軍の司法は、文民の専門家を招請して、新たに整備されるべきである。すなわち、軍人の純粋に市民としての不法行為は市民的法廷により、軍事上の悪事と犯罪は軍法廷によって裁かれるべきである。特別の価値は、服従と服従拒否（旧軍刑法第四七条）の問題に置かれる。不服従の権利と義務は、単に以下の場合にのみ適用される。すなわち、上官の命令が人類や国際法あるいは、既存の軍事・民事の法令に違反した犯罪を意図していると部下が明確に認識した時である。懲戒法規は、新しい原則の上に設定されねばならない。すなわち、名誉を汚しあるいは屈辱を与えるような罰の禁止であり、懲戒権の適用は未熟な上官にも可能性があることを目指すべきである。苦情申し立ては、あらゆる時代にそぐわない定義から解放されねばならない。

この関係で審議されるべきなのは、部隊内に信任者委員会を設置して、懲戒と苦情申し立ての適用について聴取することである（決定権なし）。同委員会は、また浄化のための機関として以下のような場合にも機能することができよう。すなわち、軍事的罰則もしくは懲罰規則に定めがないような場合である。これによって従来の不名誉措置は廃止されよう。かかる信任者委員会は、最初の将校編入と同時に設置されるべきで、それは過去の個人的行動の審査のためであり、個人への非難がもち上がった場合のためである。

このような「自己浄化」は、ドイツ内外の世論への心理的配慮からと、軍の内部的結束のためにも不可欠である。一般の「非ナチス化法廷」組織は拒否さるべきである。

従軍聖職者は、各地区の聖職者でもって全部隊への設置が考えられる。その後に軍固有の部隊聖職者を育成することにもなろう。

（エ）教育面

政治的・倫理的意味での軍人の教育は、当初から全体の含む教育の枠内に最大限の注意を払わねばならない。これは純軍事面にのみ限られない。全ヨーロッパ的歴史像の構築と当面する政治・経済・社会の諸問題への手引きは軍務の枠を越えて、軍人を確固とした国民ならびにヨーロッパ軍人へと発展させる上で決定的な貢献をする。またこれによって、非民主主義的傾向（ボルシェヴィズムと全体主義）による分解作用に対抗する内部結束を達成せねばならない。その授業では国際法の問題も教えられねばならない。

特権をもたない社会組織の一員としての軍人の自覚と人間性の保持は、強化されるべきである。時代遅れの制度（たとえば当番兵、将校用伝令、非番時の平服着用禁止など）は打破されねばならない。

（オ）国民と反対派への働きかけ

再軍備のための前提とは、国民、とりわけ青少年への計画的な啓蒙と教化にある。この教育で目標とすべきことは、個人と社会のための正当防衛と非常事態に由来する義務への理解心を喚起することにある。この関連では特に平和主義、兵役忌避、軍国主義の問題、さらに起こり得るドイツ人同士の闘争という重大問題も、真の軍人性に対する反対者として扱うべきである。

この作業は敵に対する働きかけ、特に東部地域の共産党組織と人民警察に対するものと一致させねばならない。ここでは東側の危険性について、決して過少に扱われてはならないが、逆に再軍備を侵害したり意気粗喪を結果するような誇張もされてはならない。

（カ）立法作業

真の国防法の公布までは、軍のためにC項に対応する国法上の基礎を行政命令の形で、軍人の義務と権利をドイツ連邦共和国基本法の非常事態条項に菁基づいて、制定されねばならない。その際、予備兵応募者のために、職業訓練の便宜と世話の件を特別に配慮されねばならない。若くしかも最良の実戦経験のある者の中で、すでに別の職業についている者を、少なくとも一時的に軍務のために「緊急性」から解除させられるようにすることが不可欠の特別措置である（服務期間を民間での就労期間に算定すること、除隊後の保証等）。これらの措置によって編成は根本から促進され、かつ部隊の内部結束を約束する。

さらに検討すべきことは、現今の法律を国防掩護のためにどれくらい応用できるか（中傷、解体、軍事機密漏洩、反逆）、ならびに自治体と個人のための特別な軍事服務立法を制定すべきかどうかという点である。

（キ）即時着手措置

1．以下の諸点の定義のための委員会の設置。
宣誓と厳粛な責務、軍人の義務、服務についての暫定的規定、国防法、軍事司法、懲戒規定、中傷規定、給与法。

2．顧問のかたちでの国民と敵への働きかけのための委員会設置。

3．連邦首相顧問のもとに新聞と議会への連絡のための担当者配置。

結　語

専門家委員会は、ヨーロッパ防衛戦線へのドイツ国民の組み入れの実施における最も有効な形式と前提、ならびにこれらの措置の程度と認識について提起された諸問題について、最善の知識と良心によって答申する。委員会は、専ら防衛出動準備の切迫だけがＤＫの編成を正当化でき、ヨーロッパ防衛への参加こそがＤＫの唯一の使命であるとの熟慮の上で活動してきた。委員会は本意見書で文書化された提言を全員一致で承認する。

精読すればなお補足の必要はあるが、当座の短時間の活動でできることはただ大枠を与えることだけである。連邦首相閣下が本計画実施を決断されて即座に実行されるべき措置については、再度強調したい。

（ア）準備

武装解除は、部隊再建に必要な組織上・人的・物的な蓄積を完全に抹消するというような、極めて徹底的な形で実施された。そのため、西側連合国との関係では、実際の作業を始める前に、まず理論上すべてを基礎から新たに創造せざるを得ない。

二、三ヵ月以内に幹部の編成と訓練が始まるとすれば、緊急に必要なのは、遅くとも十一月には常設の委員会に拡大させる作業班を編成し、準備作業に着手し、その成員の大半が現在の職業を一時的もしくは完全に辞めざるを得ないために、その経済上の保証をすること、以上である。作業班は、最初は各一、二人の担当者が各自受け持ちの最高統帥の中の赤で縁取られた部署に限られるが、個別任務に責任をもたない専門家を別に招聘することもあり得る。

（イ）法制化

連邦政府が旧将校を個別に相談に招くことを希望しているとの事実――その大体の内容は容易に推察できる――は、すでに委員会の集合以前に分科会を通じ、部外者には内密の経路で耳に入っていた。だが常設の作業委員会は、それほど内密な会合ではないはずであり、特により大きな分科会には、これまで参加していなかった人材との交流を生むことに緊急の必要性があるからであり、幹部の編成にとっても必要だからである。

今日までの当委員会の行動のすべてが明らかに、一九四九年十二月十九日付けの高等弁務官指令第一六号第一条第九項に違反し、同第三条によって終身刑に処されるかもしれない。それゆえ、この行動を何らかの形で法制化する必要がある。そのため公式に考えられねばならないことは、高等弁務官の内々の承諾と連邦議会での内々の決議（反対も含めて）である。

二〇年代のいわゆる「闇国軍」の編成も、やはり当時の政府内の有力閣僚の支援と指示によって始まった。だがそれは外国からと国内の反対派から、復讐戦争準備のためであるとして、責任ある国軍に対する最も厳しい非難を招くことになったし、それは今日でもまだ消えていない。さらに、法制化の必要性は、幹部の編成に直結することである。どんな偽装を試みても――国内とロシアに対して――決して本当に秘密を保てないであろう。せいぜいドイツの新聞に祖国とヨーロッパの利益のために沈黙を守らせることだけであろう。

（ウ）心理上の諸前提

不可欠の心理的諸前提の創造は、実際の編成のテンポと歩調を合わせるどころか、むしろすぐに始めて先行して用意されるべきことを格別に強調したい。幹部には将校と下士官の訓練要員も当然含まれることになる。したがって貴重な信頼できる高度部隊創設に不可欠の人材獲得があってはじめてこれが達成されるのであり、人材募集と明瞭に歩調を合わせた中傷の排除といわゆる「戦争犯罪人問題」の解決が企図されねばならない。

心理上の諸問題の調整こそ、旧職業軍人とドイツ青年の最良の部分が、世論の見る以上にはるかに大きな役割を演じるところの連邦共和国と西ヨーロッパ防衛に参加することへの準備の前提条件である。作業委員会がその困難な任務を果たせるのも、ただ旧軍人からの信頼を得られる場合だけである。

決定的に重要なことは、連邦共和国と連合国政府の有力者が、この問題の意義をはっきり認識しておくことである。そのような努力の効果は、もしもそれが適宜かつ寛大に達成されれば、差し迫った必要に駆られてやっと着手するよりもはるかに大きなものとなろう。

DKとヨーロッパ防衛軍に旧ドイツ軍人の忠誠と清廉がより多く向けられれば、それだけこの新ドイツ軍人に対する信頼と公正さが最初から与えられるだろう。

おわりに

本書に収録した各記事の初出は次に掲げる通りであるが、収録にあたって内部の微修正を施した。内容的にはほとんど変更はない。

『国防軍潔白論の生成』(『軍事史学』第四十二巻第二号 二〇〇六年九月)

『冷戦の前衛としての東西両ドイツ史学』(『名古屋短期大学研究紀要』第四三号二〇〇五年三月)

『国防軍免責の原点?――ニュルンベルク裁判:「将軍供述書」の成立をめぐって――』(『中部大学国際関係学部紀要』№35 二〇〇五年十月)

『戦犯訴追と冷戦――一九四九年マンシュタイン裁判をめぐる問題――』(『名古屋市立大学人文社会学部研究紀要』第二〇号 二〇〇六年三月)

『ヒンメロート意見書――西ドイツ再軍備のための軍事専門家委員会による提言――』(『名古屋短期大学研究紀要』第四四号 二〇〇六年三月)

『書評:〝清潔な国防軍〟神話の生成と克服』(『早稲田大学西洋史研究会』第二六号 二〇〇四年十二月)

『書評:〝御恩と奉公〟:エリート達へのヒトラーの贈与』(『西洋史学』第二一四号 二〇〇四年九月)

注 釈 一 覧

第1章 どこで「国防軍潔白論」は生まれたか

（注1） Michael Th. Greven/Oliver von Wrochem hrsg. Der Krieg in der Nachkriegszeit, Der Zweite Weltkrieg in Politik und Gesellschaft der Bundesrepublik (Obladen 2000); Kurt Pätzold, Ihr waret die besten Soldaten, Ursprung und Geschichte einer Legende (Leipzig 2000), S. 21-88; Wolfram Wette, Die Wehrmacht, Feindbilder Vernichtungskrieg Legenden (Frankfurt a. M. 2002), S. 95-244 （5頁）

（注2） 西ドイツ側の代表的なものとしてHeinlich Uhlig, Das Einwirken Hitlers auf Planung und Führung des Ostfeldzuges in "Vollmacht des Gewissens," hrsg. v. Europäischen Publikation, Bd. 2, S. 147-286 (München 1965).東ドイツ側の代表的なものとしてはGerhard Forster/Heinz Helmert/Helmut Otto/Helmut Schnitter, Der preuBisch = deutsche Generalstab 1640-1945, zu seiner politischen Rolle in der Geschichte (Berlin (Ost) 1966), S. 239-292. （5頁）

（注3） Gerd R. Ueberschär/Wolfram Wette hrsg. "Unternehmen Barbarossa" Der deutsche Überfall auf die Sowjetunion 1941(Paderborn 1984)(以 下 Ueberschär/Wette, Unternehmen Barbarossa); Jürgen Förster, "Das Unternehmen Barbarossa-eine historische Ortsbestimmung-" in "Der Angriff auf die Sowjetunion" Das Deutsche Reich und der Zweite Weltkrieg, Bd. 4 hrsg. v. Militärgeschichtlichen Forschungsamt (Stuttgart 1983), S. 1079-88; Hannes Heer/Klaus Naumann hrsg. Vernichtungskrieg. Verbrechen der Wehrmacht 1941-1944 (Hamburg 1995). （5頁）

（注4） Rolf-Dieter Müller/Hans-Erich Volkmann hrsg. Die Wehrmacht Mythos und Realität (München 1999); Hans Poeppel/W. Prinz v. Preussen/K. G. v. Hase hrsg. Die Soldaten der Wehrmacht (München 1998). （5頁）

（注5） Charles B. Burdick,"Vom Schwert zur Feder" in Militärgeschichtliche Mitteilungen 2/1971,S.69-80; Christian Greiner, "Operational History (German) Section und Naval Historical Team" in Militärgeschichte:Probleme-The-sen-Wege (Stuttgart 1982), S. 409-35; Bernd Wegner, "Erschriebene Siege. Franz Haider, die > Historical Division < und die Rekonstruktion des Zweiten Weltkrieges im Geiste des deutschen Generalstabes" in Beiträge zur Militärgeschichte (hrsg. v. Militärgeschichtlichen Forschungsamt 1995), Bd. 50, S. 287-302. （6頁）

（注6） Telford Taylor, Final Report To The Secretary Of The Army On The Nuernberg War Crimes Trials Under Control Council Law No.10 (Washington D. C. 1949), S. 58-85. （7頁）

（注7） Georg Meyer, Zur Situation der deutschen militärischen Führungsschicht im Vorfeld des westdeutschen Verteidigungsbeitrages 1945-1950/51 in Von der Kapituration bis zum Plevan-Plan (hrsg. v.

Militärgeschichtlichen Forschungsamt, München 1982), S. 680-686 (以下Meyer, Situation).（7頁）

（注8） Burdick, a. a. O., S. 70; Greiner,a. a. O., S. 409-410.（7頁）

（注9） Georg Meyer, Adolf Heusinger, Sienst eines deutschen Soldaten 1915 bis 1964(Hamburg 2001), S.324-328(以下Meyer, Heusinger).（7頁）

（注10） Burdick, a. a. O., S. 73-75.（8頁）

（注11） Greiner, a. a. O., S. 414-424.（8頁）

（注12） Burdick, a. a. O., S. 72-73.（8頁）

（注13） Meyer, Heusinger, S. 313-316.（8頁）

（注14） Wegner, a. a. O., S. 289-290.（9頁）

（注15） Ebd., S. 292.（9頁）

（注16） Meyer, Situation, S. 682-683.（10頁）

（注17） ヴァルデマール・エルフルトは戦時中の日記で、「この上級大将〔ハルダーのこと〕の名はこれからもずっと緒戦の二年間の我が方の偉大な勝利とむすびつけられるにちがいない」と記した。Wegner, a. a. O., S. 291.（10頁）

（注18） ハルダーについては以下を参照:Gerd R. Ueberschär, Generaloberst Franz Halder, Generalstabschef, Gegner und Gefängener Hitlers (Göttingen 1991); Christian Hartmann, Halder Generalstabschef Hitlers 1938-1942 (Paderborn 1991); H. Gäfin Schall-Riaucour, Aufstand Und Gehorsam, Offizierstum und Generalstab im Umbruch, Leben und Wirken von Generaloberst Franz Halder (Wiesbaden 1972).（10頁）

（注19） Meyer, Situation, S. 683.（10頁）

（注20） Greiner, a. a. O., S. 415. ハルダーの反ソ態度表明についての詳細はPeter Bor, Gespräche mit Halder (Wiesbaden 1950), S. 230-252.（11頁）

（注21） Meyer, Situation, S. 688-690.（11頁）

（注22） Hans Speidel, Aus unserer Zeit, Erinnerungen (Frankfurth a. M. 1977), S. 239.（12頁）

（注23） Kriegsgeschichtsschreibung und Kriegsgeschichtsstudium im Deutschen Heere, Historical DivisionU. S. Army Europe Index for MS#P153 (unveröffentlicht). これはハルダーが米軍のために旧ドイツ参謀本部での歴史研究の実態をまとめたもの。（12頁）

（注24） Burdick, a. a. O., S. 74.（12頁）

（注25） Ebd., S. 75-76; Wegner, a. a. O., S. 291.（13頁）

（注26） Meyer, Heusinger, S. 143-290.（14頁）

（注27） Speidel, a. a. O., S. 239.（14頁）

（注28） Burdick, a. a. O., S. 77-79; ders. Deutschland und die Entwicklung der amtlichen amerikanischen Militärgeschichtsforschung 1920-1960, in Deutschland zwischen Krieg und Frieden. Beiträge zur Politik und Kultur im 20. Jahrhundert hrsg. v. Karl Dietrich Bracher[u. a.] (Düsseldorf 1991), S. 99-107; Wegner, a. a. O., S. 292-293.（14頁）

（注29） Dep. of the Army Pamphlet No.20-261a, The German Campaign In Russia, Planning And Operations (1940-1942) (Dep. of the Army Washington D. C. March 1955).（14頁）

（注30） Greiner, a. a. O., S. 413-414.（14頁）

（注31） Wegner, a. a. O., S. 294.（15頁）

（注32） 第一次世界大戦後の軍人の回顧録との関連についてはPätzold,

a. a. O., S. 36-44.（15頁）

（注33） Ebd., S. 295-296, Meyer, Heusinger, S. 327.（15頁）

（注34） マンシュタインが一時的にもせよＯＨＰ作業に加わったことは確実と思われるが、息子によってまとめられた遺稿集でも全くふれられていない。Rüdiger v. Manstein/Theodor Fuchs hrsg. Erich von Manstein Soldat im 20. Jahrhundert Militärisch-politische Nachlese (Bonn 1994), S. 219-324.（16頁）

（注35） Meyer, Situation, S. 673. .従って、ヴァルリモント（Walher Warlimont　大将）はＯＫＷでヨードルの次長であったにもかかわらず、この時の非難の対象からはずされて参謀本部側と同列に扱われることになり、ヴァルリモント自身も回顧録では個人攻撃を極力差し控えている。Walther Warlimont, Im Hauptquartier der deutschen Wehrmacht 1939-1945 (Frankfurt a. Main 1962); Siegfried Westphal, Der Deutsche Generalstab auf der Anklagebank (Mainz 1978), S. 144-145.（16頁）

（注36） Wegner, a. a. O., S. 291-292.（16頁）

（注37） Franz Halder, Hitler als Feldherr (München 1949).（16頁）

（注38） Adolf Heusinger, Befehl im Widerstreit-Schicksalsstunde des deutchen Armee (Stuttgart 1950); Meyer, Heusinger, S. 334-346; Pätzold, a. a. O., S. 246-247.（16頁）

（注39） Hans-Jürgen Rautenberg/Norbert Wiggershaus, Die 》Himmeroder Denkschrift《 vom Oktober 1950 in Militärgeschichtliche Mitteilungen, Bd.21 1/1977, S. 135-206（以下》Himmeroder Denkschrift《）.（17頁）

（注40） 》Himmeroder Denkschrift《S. 168-171.（18頁）

（注41） Ebd., S. 188-189.（18頁）

（注42） Ebd., S. 200.（18頁）

（注43） Speidel, a. a. O., S. 285.（18頁）

（注44） Meyer, Situation, S. 700-701.（19頁）

（注45） Meyer, Heusinger, S. 435.（19頁）

（注46） Meyer, Situation, S. 648-649.（20頁）

（注47） Konrad Adenauer, Erinnerungen (Stuttgart 1965, Bd. 1), S. 736.（20頁）

（注48） Westphal, a. a. O., S. 146-147.（20頁）

（注49） Hans Buchheim, Adenauers Sicherheitspolitik 1950-1951 in Militärgeschichte seit 1945 (hrsg.v. Militärgeschichtlichen Forschungsamt 1967) Bd. 1, S. 119-200; Meyer, Situation, S. 648-649.（21頁）

（注50） Ueberschär/Wette, Unternehmen Barbarossa, S. 268-269.（21頁）

（注51） Pätzold, a. a. O., S. 25-26.（21頁）

（注52） Albert Kesserling, Gedanken zum zweiten Weltkrieg (Bonn 1955); Heinz Guderian, Erinnerungen eines Soldaten (Heidelberg 1951); Erich von Manstein, Verlorene Siege (Bonn 1951); Friedrich Willhelm von Mellentin, Panzerschlachten (Heidelberg 1963).（21頁）

（注53） Kurt Sentner, Die deutsche Militäropposition im ersten Kriegsjahr in Vollmacht des Gewissens, Bd. 1, S. 490-492; Pätzold, a. a. O., S. 32; Wegner, a. a. O., S. 294.（21頁）

（注54） そのような例の代表的なものを挙げる。Waldemar Erfurth, Die Geschichte des deutschen Generalstabes von 1918-1945 (Göttingen 1957); Kurt von Tippelskirch, Geschichte Des Zweiten Weltkriegs (Bonn 1954); Mueller-Hillebrandt, Das

Heer 1933-1945 (Darmstadt 1954); Walter Hubatsch hrsg. Kriegstagebuch des Oberkommandos der Wehrmacht 1940-1945 (Frankfurt a. M. 1961-1965); Hans-Adolf Jacobsen hrsg. Entscheidungsschlachten des Zweiten Weltkrieges (Frankfurt a. M. 1960).（21頁）

（注55）ホイジンガーとシュパイデルはまず一九五五年の連邦軍発足と同時に「中将」(Generalleutnant) に任じられ、一九五七年から軍人の最高位である「大将」(General) となった。Meyer, Heusinger, a. a. O., S. 463-481.（22頁）

（注56）Ueberschär/Wette, Unternehmen Barbarossa, S. 100-101.（22頁）

（注57）Meyer, Situation, S. 651.（22頁）

（注58）》Himmeroder Denkschrift《a. a. O., S. 189-190.（22頁）

（注59）たとえばヒトラーと軍人達との賄賂で結びついた奇怪な関係については、全く最近になって解明された。Gerd Ueberschär/Winfried Vogel, Dienen und Verdienen: Hitlers Geschenke an seine Eliten (Frankfurt a. M. 2000).（23頁）

第2章　東西ドイツ史学とそれぞれのタブー

（注1）J. N. Afanasjew, Die sowjetische Historiographie (Moskau 1996).（24頁）

（注2）Wolfram Wette, Die Wehrmacht, Feindbilder, Vernichtungskrieg, Legenden (Frankfurt am Main 2002)（以下Wette).（24頁）

（注3）Ebd., S. 245-289.（24頁）

（注4）Kurt Pätzold, Ihr Waret Die Besten Soldaten, Ursprung und Geschichte einer Legende (Leipzig 2000)（以下 Pätzold).（25頁）

（注5）Ebd., S. 36-52.（25頁）

（注6）Wette, S. 225-231.（25頁）

（注7）Pätzold, S. 65-88.（25頁）

（注8）Gerd R. Ueberschär/Wolfram Wette hrsg. "Unternehmen Barbarossa" Der deutsche Überfall auf die Sowjetunion 1941 (Paderborn 1984) および、Hans-Erich Volkman hrsg. Das Russlandbild im Dritten (Köln 1994), S. 105-163.（26頁）

（注9）Wette, S. 207.（26頁）

（注10）この代表例として元元帥エリッヒ・フォン・マンシュタイン（本郷健訳）『失われた勝利――マンシュタイン回想録――』上・下（中央公論新社、一九九九年）を挙げておけば充分であろう。すでにこの題名 (Die Verlorene Sieg) そのものがこのことをはっきりと物語っている。（26頁）

（注11）Wette, S. 197-207.（26頁）

（注12）その最初の例とされるのが、一九五二年製作のアメリカ映画『砂漠の狐』(The Desert Fox 邦題「砂漠の鬼将軍」）で、英国の俳優ジェームズ・メイスン（James Mason）扮する元帥エルヴィン・ロンメルを理想的かつ悲劇的な国防軍軍人として描いている。この映画公開の背後には、当時進行中の西ドイツ再軍備を促進するねらいもあったとの説もある。Pätzold, S. 24.（26頁）

（注13）Jürgen Förster, Das Unternehmen >Barbarossa<als Eroberungs-und Vernichtungskrieg. In: Das Deutsche Reich und der Zweite Weltkrieg (hrsg. v. Militärgeschichtlichen Forschungsamt 1983), Bd. 4, S. 413-447.（26頁）

（注14）Aspekte der deutschen Wiederbewaffnung bis 1955, In: Militärgeschichte seit 1945 (hrsg. v. Militärgeschichtlichen Forschungsamt 1975).（27頁）

（注15）アルフレート・グロセール（山本尤ほか訳）『ドイツ総決算——一九四五年以降のドイツ現代史——』（社会思想社、一九八一年）四七〇—四七六頁、小嶋栄一『アデナウアーとドイツ統一』（早稲田大学出版部、二〇〇一年）一六二—一八一頁。（27頁）
（注16）Wette, S. 234-237.（27頁）
（注17）Pätzold, S. 84-88.（27頁）
（注18）Detlef Joseph, Nazis in der DDR-Die deutschen Staatsdiener nach 1945-woher kamen sie? (Berlin 2002), S. 57.（27頁）
（注19）Pätzold, S. 76, Christian Greiner, "Operational History (German) Section" und "Naval Historical Team," In: Militärgeschichte: Probleme-Thesen-Wege (Stuttgart 1982).（28頁）
（注20）Heinz-Ludger Borgert, Grundzuge der Landkriegführung von Schlieffen bis Guderian, In: Handbuch zur deutscen Militärgeschichte 1648-1939 (hrsg. v. Militärgeschichtlichen Forschungsamt 1979), Bd. IX, S. 440-467.（28頁）
（注21）Nicholas Reynolds, Beck Gehorsam und Widerstand (München 1984), S. 133-156.（28頁）
（注22）Peter Bor, Gespräche mit Halder (Wiesbaden 1950), S. 56-71・（28頁）
（注23）ヴァルター・ゲルリッツ（守屋純訳）『ドイツ参謀本部興亡史』（学習研究社　一九九八年）三四三—三四六頁。（28頁）
（注24）Charles B. Burdick, Vom Schwert zur Feder, In: Militärgeschichtliche Mitteilungen 2/1971 (hrsg. v. Militärgeschichtlichen Forschungsamt 1971), S. 69-80.（29頁）
（注25）Ebd., S. 75.（29頁）
（注26）Franz Halder, Hitler als Feldherr (München 1949).（29頁）
（注27）たとえば日本での代表的な例として、渡部昇一『ドイツ参謀本部——その栄光と終焉——』（祥伝社　二〇〇二年）がある。（29頁）
（注28）Adolf Heusinger, Befehl im Widerstreit, Schicksalstunden der deutschen Armee 1923-1945 (Tübingen & Stuttgart 1950).（30頁）
（注29）Georg Meyer, Adolf Heusinger, Dienst eines deutschen Soldaten 1915 bis 1964 (Hamburg 2001), S. 334-340.（30頁）
（注30）ここでは次の著者の例を挙げておく。ジョン・トーランド（永井淳訳）『アドルフ・ヒトラー　上下』（集英社、一九七四年）。（30頁）
（注31）一九五二年には仏訳が、一九五八年には伊訳が出版されている。Meyer, a. a. O., S. 876（30頁）
（注32）Basil H. Liddell=Hart, The Other Side of the Hill (London 1948)（岡本鐳輔訳『ナチス・ドイツ軍の内幕』原書房、一九七三年）。一九五〇年にはドイツ語訳も出版された。（31頁）
（注33）Cornelius Ryan, The Longest Day (New York 1959)（近藤等訳『史上最大の作戦』筑摩書房、一九六二年）。（31頁）
（注34）Kurt von Tippelskirch, Geschichte des Zweiten Weltkrieges (Bonn 1951).（31頁）
（注35）Waldemar Erfurth, Die Geschichte des Deutschen Generalstabes 1918-1945 (Göttingen 1957).（31頁）
（注36）Pätzold, S. 97-101.（31頁）
（注37）Wette, S. 225-231.（32頁）
（注38）ホイジンガー以外にも同様の例としては、Kurt Assman,

Deutsche Schicksalsjahre (Wiesbaden 1950) がある。（32頁）

（注39）Pätzold, S. 126.（33頁）

（注40）"Zeitschrift für Geschichtswissenschaft," Bd. 1, 1953.（33頁）

（注41）Pätzold, S. 116-117.（34頁）

（注42）たとえばヴェ・デ・ソコロフスキー（一九六四年）、ゲ・カ・ジューコフ（一九六九年）、カ・カ・ロコソフスキー（一九七三年）などのドイツ語訳が代表的だが、東ドイツでのソ連史学紹介としては次が重要。Sowjetische Forschungen über den zweiten Weltkrieg (hrsg. von Akademie der Wissenschaften der UdSSR, Moskau 1976).（34頁）

（注43）Pätzold, S. 150-155.（34頁）

（注44）Ilja Altman, Das Schicksal des《Schwarzbuches》, In: Das Schwarzbuch-Der Genozid an den sowjetischen Juden (hrsg. v. Arno Lustiger, Hamburg 1994), S. 1063-1085.（35頁）

（注45）たとえば本項で参考にしたクルト・ペツォルト (Kurt Pätzold) は東ドイツ時代ベルリン・フンボルト大学史学教授だったが、統一後もドイツ現代史について研究成果を発表している。主なものを挙げれば、Auschwitz war für mich nur ein Bahnhof (Berlin 1994); Tagesordnung Judenmord (Berlin 1998); Schlagworter und Schlachatrufe (Berlin 2003); Stalingrad und kein Zuruck (Berlin 2004).（35頁）

（注46）Jürgen Danyel, Die Erinnerung an die Wehrmcht in beiden deutschen Staaten. Vergangenheitspolitik und Gedenkrituale, In: Die Wehrmacht Mythos und Realitat (hrsg. v. Rolf-Dieter Müller, Hans-Erich Volkmann, München 1999), S. 1139-1149.（35頁）

（注47）Gerhart Hass, Zum Bild der Wehrmacht in der Geschichtsschreibung der DDR, S. 1100-1112.（36頁）

（注48）最も代表的なものとして、Gerhard Förster/Heinz Helmert/Helmut Otto/Helmut Schnitter, Der preussisch= deutsche Generalstab 1640-1965-Zu Seiner Politischen Rolle In Der Geschichte (Berlin (Ost) 1966).（36頁）

（注49）デビッド・M・グランツ／ジョナサン・M・ハウス共著（守屋純訳）『詳解　独ソ戦全史――最新資料が明かす「史上最大の地上戦」の実像――』（学習研究社、二〇〇三年）。本書は西側で恐らく最初の旧ソ連公文書に基づいて叙述された独ソ戦史であり、その序文と注釈の両方で、著者達はいかにこれまでドイツ側からの視点でしか独ソ戦が書かれなかったかを強調している。（37頁）

（注50）Deutschland im Zweiten Weltkrieg, Autorenkollektiv unter der Leitung von Wolfgang Schumann und Gerhart Hass (6 Bände Berlin (Ost) 1974-1985).これは東ドイツなりの第二次世界大戦史の総決算だったといえる。（37頁）

第３章　国防軍免責の原点

（注１）Der Prozess gegen die Hauptkriegsverbrecher vor dem Internationaler Militärgerichtshof Nürnberg (以下 IMT), Bd. I, S.90.（38頁）

（注２）Ebd., Bd. II, S. 179.（39頁）

（注３）Ebd., Bd. XXII, S. 267.（39頁）

（注４）「継続裁判」とそれをめぐるドイツ人側の対応については、Norbert Frei: Vergangenheitspolitik, Die Anfänge der Bundesrepublik und die NS-Vergangenheit (München 1996).（40頁）

（注５）当然この判決についてソ連側判事は異議を申し立てている。IMT, Bd. I, S. 409; Telford Taylor, The Anatomy of the

Nurnberg Trials-A Personal Memoir (London 1993)（以下Taylor, Anatomy).（40頁）

（注6）IMT, Bd. XXII, S. 623.（40頁）

（注7）Siegfried Westphal, Der Deutsche Generalstab auf der Anklagebank-Nürnberg 1945-1948 (Mainz 1978).（40頁）

（注8）Georg Meyer, Zur Situation der deutschen militärischen Führungsschicht im Vorfeld des westdeutschen Verteidigungsbeitrages 1945-1950/51 in Anfänge westdeutscher Sicherheitspolitik 1945-1956 Band I (hrg. v. Militärgeschichtlichen Forschungsamt, München 1982)（以下Meyer, Situation).（41頁）

（注9）Manfred Messerschmidt, Vorwärtsverteidigung-Die 》 Denkschrift der Generale《für den Nürnberger Gerichtshof, in Vernichtungskrieg Verbrechen der Wehrmacht 1941-1944 (hrg. v. Hannes Heer & Klaus Naumann, Hamburg 1995).（41頁）

（注10）Westphal, a. a. O., S. 24-27.（41頁）

（注11）Fabian von Schlabrendorff, Begegnen in 5 Jahrzehnten (Tübingen 1979), S. 348-355.（42頁）

（注12）Dr.Viktor Frh. von der Lippe, Nürnberger Tagebuchnotizen Nov. 1945 bis Okt. 1946 (Frankfurt a. Main 1951), S. 37.（42頁）

（注13）Lippe, a. a. O., S. 81, 110, 121-122.（42頁）

（注14）Meyer, Situation, S. 680-681.（42頁）

（注15）Erich von Manstein, Soldaten im 20. Jahrhundert, Militärisch-politische Nachlese (hrg. v. Rüdger v. Manstein u. Theodor Fuchs, Bonn 1994), S. 223-226.（42頁）

（注16）Taylor, Anatomy, S. 145-186.（43頁）

（注17）Manstein, a. a. O., S. 222.（44頁）

（注18）以下「将軍供述書」の全文については、Westphal, a. a. O., S. 28-87.（44頁）

（注19）Kurt Pätzold, Ihr Waret Die Besten Soldaten-Ursprung und Geschichte einer Legende (Leipzig 2000), S. 66-68.（52頁）

（注20）Messerschmidt, a. a. O., S. 531-532.（52頁）

（注21）Pätzold, a. a. O., S. 126.（52頁）

（注22）Westphal, a. a. O., S. 49-51; Meyer, Situation, S. 671-673.（53頁）

（注23）Georg Meyer, Soldaten ohne Armee. Berufssoldaten im Kampf um Standesehre und Versorgung, in Von Stalingrad zur Währungsreform (hrg. v. M. Broszat/K. D. Henke/H. Woller, München 1989), S. 716-718（以下Meyer, Soldaten).（53頁）

（注24）Westphal, a. a. O., S. 132. ハルダーのOKWに対する反感については、H. Gräfin Schall-Rioucour, Aufstand und Gehorsam, Offizierstum und Generalstab im Umbruch Leben und Wirken von Generaloberst Franz Halder Generalstabschef 1938-1942 (Wiesbaden 1972), S. 132-139.（53頁）

（注25）Waldemar Erfurth, Die Geschichte des Deutschen Generalstabes 1918-1945 (Hamburg 2001), S. 219, 298. 本書の最初の刊行は一九五七年である。（54頁）

（注26）マンシュタイン（本郷健訳）『失われた勝利——マンシュタイン回想録——』上巻（中央公論新社、一九九九年）一八五頁。（54頁）

（注27）Erfurth, a. a. O., S. 232-241; Schall-Rioucour, a. a. O., S. 150-153.（54頁）
（注28）Meyer, Situation, S. 683.（55頁）
（注29）Meyer, Soldaten, S. 710-712.（55頁）
（注30）Charles B. Burdick, Vom Schwert zur Feder, in Militärgeschichtliche Mitteilungen (Freiburg 2/1971).（55頁）
（注31）Meyer, Situation, S. 674.（55頁）
（注32）Wolfram Wette. Die Wehrmacht-Feindbilder Vernichtungskrieg Legenden (Frank. a. Main 2002), S. 205-231.（55頁）
（注33）Westphal, a. a. O., S. 146-147.（56頁）
（注34）Meyer, Soldaten, S. 683-702.（56頁）

第4章　消極的だったイギリスの戦犯訴追

（注1）International Military Tribunal for Major War Criminals before Nurenberg, vol.XXII, p. 267.（57頁）
（注2）Trials of War Criminals before the Nuernberg Military Tribunals under Control Council Law No.10. Nuernberg October 1946-April 1949, 15 volumes.（57頁）
（注3）Tom Bower, Blind Eye to Murder, Britain, America and the Purging of Nazi Germany-A Pledge Betrayed (London 1981), p. 270-301; J. H. Hoffman, German Field Marshals as War Criminals? A British Embarassment, in Journal of Contemporary History, vol.23, No.1 (Jan. 1988).（57頁）
（注4）Oliver von Wrochem, Rehabilitation oder Strafverfolgung-Kriegsverbrecherprozess gegen Generalfeldmarschall Erich von Manstein im Widerstreit britischer Interessen, in Mittelweg36 (6. Jg., 3/1997), S. 26-36; Ders. Die Auseinandersetzung mit Wehrmachtsverbrechen im Prozess gegen den Generalfeldmarschall Erich von Manstein 1949, in Zeitschrift FürGeschichtswissenschaft (46 Jg. 1998 Hft. 4), S.329-353.（57頁）
（注5）Ebd., S. 329-331.（58頁）
（注6）Erich von Manstein, Soldat im 20. Jahrhundert Militärisch-politische Nachlese (hrg. v. Rüdger von Manstein & Thedor Fuchs, Bonn 1994).（58頁）
（注7）Enrico Syring, Erich von Manstein-Das operative Genie, in Die militärelite des Dritten Reiches, 27 Biographische Skizzen (hrg v. Ronald Smelser & Enrico Syring, Berlin 1995).（59頁）
（注8）マンシュタインの投降後のイギリスでの生活については Manstein, a. a. O., S. 246-248.（59頁）
（注9）すでに戦時中の米『タイム』誌の表紙に取り上げられている。ebd., S. 224.（59頁）
（注10）Telford Taylor, The Anatomy of the Nuremberg Trials-A Personal Memoir (London 1993), p.517-522（以下 Taylor, Anatomy).（59頁）
（注11）Final Report To The Secretary Of The Army On The Nuremberg War Crimes Trials Under Control Council Law No.10 by Telford Taylor Brigadier General, U. S. A. Chief of Counsel for War Crimes, Washington D. C. 15 August 1949 (Buffalo 1997), p.82-85.（60頁）
（注12）Taylor, Anatomy, S. 517.（60頁）
（注13）Hoffman, a. a. O., S. 18-19.（60頁）
（注14）Ebd., S. 18; Bower, a. a. O., S. 279-280.（61頁）

（注15） Bower, a. a. O., S. 278.（61頁）
（注16） Ebd., S. 278-279.（61頁）
（注17） ベヴィンの裁判への態度を示す別の言葉に、「我々は伍長を裁いた、では今後は将軍達も裁かれねばならない」とある。Ebd., S. 281.（62頁）
（注18） Hoffman, a. a. O., S. 19.（62頁）
（注19） Ebd., S. 22.（62頁）
（注20） Ebd. すでにこれ以前にイギリス側は元帥エヴァルト・フォン・クライストの身柄をヴィーンでソ連側に引き渡す、という「失敗」をしていた。（62頁）
（注21） Ebd., S. 24.（63頁）
（注22） Ebd.（63頁）
（注23） Ebd., S. 25.（63頁）
（注24） Ebd. 特に下院での訴追反対派の急先鋒の一人が、のちにマンシュタイン裁判で弁護人となるレジナルド・パジェットである。（64頁）
（注25） Hoffman, a. a.O., S. 26.（64頁）
（注26） Bower, a. a. O., S. 284, ebd., S. 25.（64頁）
（注27） Hoffman, a. a. O., S. 28.（64頁）
（注28） Hoffman, a. a. O., S. 28; Bower, a. a. O., S. 289.（65頁）
（注29） Bower, a. a. O., S. 294.（65頁）
（注30） レーフェルキューンとパジョットは、それぞれマンシュタイン裁判についてすぐに著書を公けにしている。Paul Leverkuehn, Verteidigung Mansteins (Hamburg 1950), Reginald Paget, Manstein: His Campaigns and His Trial (London 1951).（65頁）
（注31） Manstein, a. a. O., S. 281-282; Ulrich Brochhagen, Nach Nürnberg Vergangenheitsbewältigung und Westintegration in der Ära Adenauer (Hamburg 1994), S. 28-31.（65頁）
（注32） Wrochem, a. a. O., S. 335-337.（66頁）
（注33） Manstein, a. a. O., S. 286-287.（66頁）
（注34） Wrochem, a. a. O., S. 338.; Manstein, a. a. O., S. 284.（66頁）
（注35） Ebd., S. 290; Wrochem, a. a. O., S. 339.（66頁）
（注36） Manstein, a. a.O., S. 287.（66頁）
（注37） Ebd., S. 293; Wrochem, a. a. O., S. 339.（66頁）
（注38） Wrochem, a. a. O., S. 340-341; Manstein, a. a. O., S. 293-294.「コミッサール命令」についてはHelmut Krausnick, Hitlers Einsatzgruppen, Die Truppen des Weltanschauungskriegs 1938-1942 (Frankfurt. a. M. 1985).（67頁）
（注39） Wrochem, a. a. O., S. 341-345; Manstein, a. a. O., S. 287-289.（67頁）
（注40） Wrochem, a. a. O., S. 344. 実際にマンシュタインがどの程度ヒトラーとナチスの政策や思想に同調していたかについては、裁判記録による限りでは不作為の共犯というのが妥当である。対ソ戦でウクライナ攻撃の主力となった第六軍司令官ヴァルター・フォン・ライヒェナウほど積極的なナチス思想の共鳴者とは言えない。だがクリミアでのSD特別行動隊のユダヤ人殺害の件を全然知らなかったというのは、到底信じられないし、「忘れた」というのも回顧録『失われた勝利』に現れているマンシュタインの詳細な記憶力からするとほとんどあり得ない。（67頁）
（注41） Ebd., S. 345-346.（68頁）
（注42） Ebd., S. 347; Manstein, a. a. O., S. 296-297.（68頁）

（注43）Ebd., S. 348; Manstein, a. a. O., S. 297.（68頁）

（注44）Ebd.（68頁）

（注45）Manstein, a. a. O., S. 298-301.（69頁）

（注46）Wrochem, a. a. O., S. 350.（69頁）

（注47）Ebd., S. 351-352; Mansteina. a. O., S. 302-305.（70頁）

（注48）Manstein, a. a. O., S. 308-323.（70頁）

（注49）Bower,a. a. O.（71頁）

（注50）Wrochem, a. a. O., S. 352-353.（71頁）

（注51）Die Wehrmacht Mithos und Realität (hrg. v. Rolf-Dieter Müller & Hans-Erich Volkmann, München 1999), S. 175-345.（72頁）

第5章「国防軍潔白論」に影響を与えた書籍

（注1）Hannes Heer/Klaus Naumann hrsg. Vernichtungskrieg, Verbrechen der Wehrmacht 1941-1944 (Hamburg 1995).（74頁）

（注2）"Die Wehrmachtberichte 1939-1945," Bd. 3 (1. Jan. 1944 bis 9. Mai 1945) (München 1985).（75頁）

（注3）Kurt Pätzold, Ihr Waret Die Besten Soldaten (Leipzig 2000), S. 33.（75頁）

（注4）Ebd., S. 138.（75頁）

（注5）Ebd., S. 78, 97,101.（76頁）

（注6）Correlli Barnet (edt.), Hitler's Generals (London 1989); Karl Dirks/Karl-Heinz Janssen, Der Krieg der Generale, Hitler als Werkzeug der Wehrmacht (Berlin 1999).（77頁）

（注7）Pätzold, a. a. O., S. 145.（78頁）

（注8）東ドイツ史学とのかかわりについては次を参照。Kommission der Historiker der DDR u. der UdSSR, Probleme der Geschichte des Zweiten Weltkrieges, Prot okoll der Wissenschaftlichen Tagung in Leipzig vom 25. bis 30. Nov.1957 (Berlin 1958).（79頁）

（注9）しかしパウルスの遺稿集は西ドイツで刊行された。しかも編集にあたったのは保守派の史家ヴァルター・ゲルリッツであり、なぜ東ドイツで公にされなかったかはペツォルトも理由不明であるとしている。Friedrich Paulus, Ich stehe hier auf Befehl! hrsg. von Walter Görlitz (Frankfurt a. Main 1960); Patzold, a. a. O., S. 268.（79頁）

（注10）Akademie der Wissenschaften der DDR, Zentralinstitut für Geschichte, Deutschl and im zweiten Weltkrieg, Bd. 2. Vom Überfall auf die Sowjetunion bis zur sowjetischen Gegenoffensive bei Stalingrad (Juni 1941 bis Nov. 1942) (Berlin 1975).（80頁）

（注11）Hans-Erich Volkmann hrsg., Das Russlandbild im Dritten Reich (München 1994).（81頁）

（注12）Gerd R.Ueberschär/Wofram Wette hrsg. "Unternehmen Barbarossa," Der・deutsche Überfall auf die Sowjetunion 1941 (Paderborn 1984).（82頁）

（注13）Hans Poeppel, W.-K. Prinz v. Preussen, Karl Günther v. Hase hrsg. Die Soldaten Der Wehrmacht (München 1998).（82頁）

（注14）Rolf-Dieter Müller, Hans-Erich Volkmann hrsg. Die Wehrmacht, Mythos und Realität (München 1999).（84頁）

著者略歴

守屋 純（もりや・じゅん）

1948年生まれ。早稲田大学卒。現在、中部大学非常勤講師。専攻は国際関係史・軍事史。著書に『ヒトラーと独ソ戦争』（白帝社）、『独ソ戦争はこうして始まった』（中央公論新社）、訳書に『ドイツ参謀本部興亡史』『詳解　独ソ戦全史』『ヒトラーが勝利する世界』（学研）、『総統は開戦理由を必要としている』（白水社）など多数。

本書は、錦正社から発行された『国防軍潔白神話の生成』を再編集・改題した内容になります。

国防軍潔白神話の生成

――ドイツの謝罪は誠実だったか

2017年9月1日　初版第1刷発行
2021年10月19日　二版第3刷発行

著者　守屋 純

表紙写真　Bundesarchiv
表紙デザイン　WORKS 若菜 啓

発行者　松本善裕
発行所　株式会社パンダ・パブリッシング
〒104-0061　東京都中央区銀座1-22-11 銀座大竹ビジデンス2F
https://www.panda-publishing.co.jp/
電話／03-5577-2959
メール／info@panda-publishing.co.jp
印刷・製本　株式会社ちょこっと